后浪出版公司

［法］多米尼克－福费勒　著　　［法］梅洛迪·当蒂尔克　绘

贾德　译

朗姆酒图解小百科

RHUM GRAPHIE

四川文艺出版社

目录

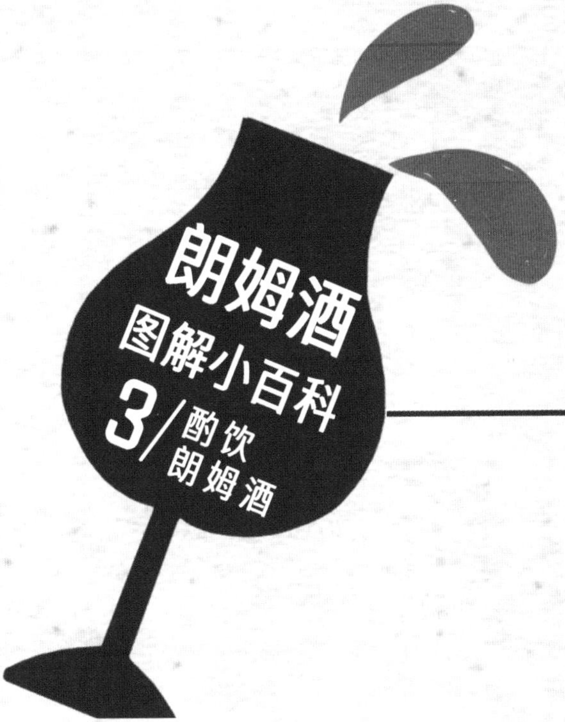
朗姆酒
图解小百科
3/酌饮
朗姆酒

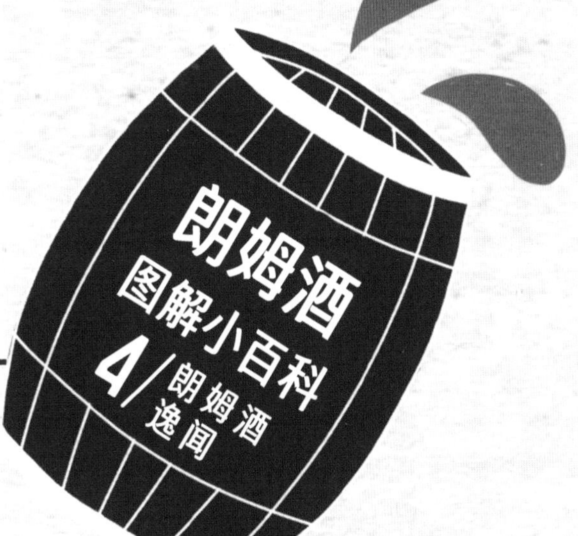
朗姆酒
图解小百科
4/朗姆酒
逸闻

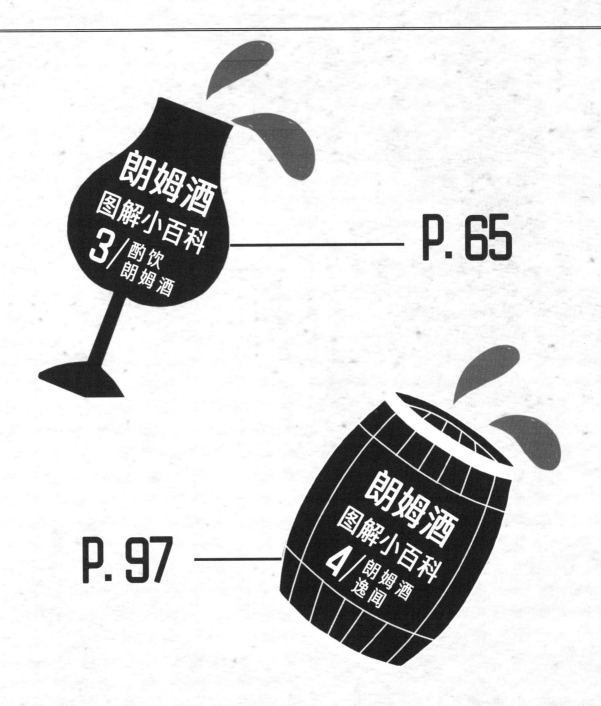

朗姆酒
图解小百科
1/ 酿造
朗姆酒

朗姆酒
图解小百科
1/ 酿造
朗姆酒

朗姆酒没有定义

错。 不是什么酒都能叫"朗姆酒"。与其他烈酒一样,欧洲议会和欧洲理事会第110/2008号法规对朗姆酒的定义做出了明确规定。

从其他地方来……

一种烈酒要想被称为"朗姆酒",它就必须由**甘蔗汁、甘蔗糖浆**或**甘蔗糖蜜**经过发酵和蒸馏制成,多一种原料也不行。所有烈酒均不得使用任何非农业原料。任何在欧盟销售的烈酒都必须遵守欧盟的条例。欧洲的朗姆酒生产地主要有法国的马提尼克、瓜德罗普、法属圭亚那、留尼汪,以及葡萄牙的马德拉。然而,由于全球市场的绝大多数朗姆酒生产者均来自欧洲以外的地区,而各地规章制度各不相同,欧盟很难让所有生产者都遵守自己的规范。

能否添加糖?

能。 为增加甜度或改变颜色而添加糖或焦糖是合法的。但是必须适度!虽然糖的分量没有明文规定,但是一般以每升酒4克糖为宜。加过多糖会带来伪造陈年酒或颠覆产品口味的风险。

DGCCRF 是什么?

法国竞争、消费和反欺诈总局。通过调查和征集民意，该局制定并监督生产至销售各个环节的从业者必须遵守的规章制度。必要时，为确保消费者安全、打击虚假广告、抵制不正当竞争，该局可处罚甚至取缔某种产品。如需修改条例，该局将编写宣传册告知消费者，向他们解释要点，帮助他们确认实施情况，从而更好地挑选商品，以及举报违法行为。

能否添加香料?

不能，若添加香料是为了改变饮品的口味，则该饮品不得保留"朗姆酒"的称谓。然而，指明该酒特点和所加香料的调味朗姆酒是合法的。

朗姆酒是否需要陈酿?

不需要。可以陈酿但并不强制。若蒸馏后的朗姆酒在木桶中继续陈酿，便会逐渐产生香气，颜色也会发生改变。

进阶阅读

朗姆酒越陈越香。这种说法虽然广为流传但是没有科学依据。厂商借此提高了陈年朗姆酒的价格。一款陈年朗姆酒要想得到赏识，它的品相至关重要，温暖的琥珀色尤其受人青睐。在蒸馏后的液体中加入大量的糖也可以获得这种效果，且更容易实现，口味也未必糟糕。但是毋庸赘言，摄取过量糖分会对人体造成伤害。

甘蔗是一种植物

对。甘蔗是禾本科甘蔗属植物。它们在阳光下直立丛生，让糖分在笔直的茎中积聚。

花序呈总状，白色，花数众多。花上结出的果子被称为"颖果"。

朗姆酒
图解小百科
1/ 酿造朗姆酒

叶子狭长、锋利、茂密。有了茂盛的叶子，甘蔗才能通过光合作用产生以糖为首要分子的植物物质。

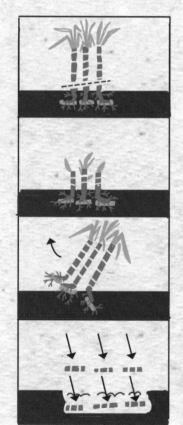

生命力顽强

甘蔗的生命力非常顽强。每次收获后，无需借助外力，甘蔗便能继续生长。但是这种再生能力也不是无限的。再生五六次后，甘蔗便不再产糖。此时，种植者只能忍受着茂密的蔗丛和锋利的蔗叶，将宿根挖出，再重整土地、栽种新株，即将未开花的茎段水平埋入土中。根据种植地区的气候，甘蔗的收获期在9至24个月不等。

茎节与节间在蔗茎上交替出现。每个茎节上长有一个芽和一条根带。

甘蔗的根系又密又深。它们可以向下延伸2米之多，保护土壤不受侵蚀。

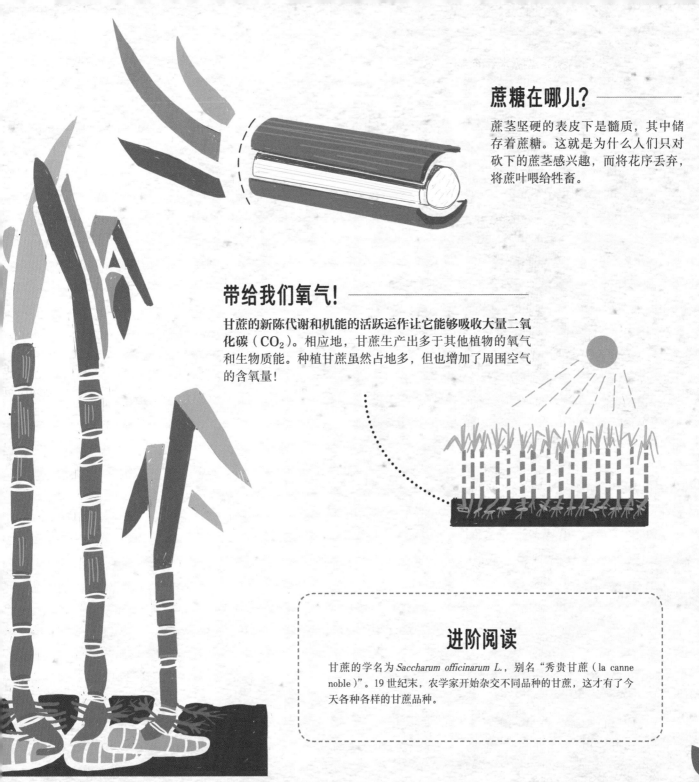

蔗糖在哪儿?

蔗茎坚硬的表皮下是髓质,其中储存着蔗糖。这就是为什么人们只对砍下的蔗茎感兴趣,而将花序丢弃,将蔗叶喂给牲畜。

带给我们氧气!

甘蔗的新陈代谢和机能的活跃运作让它能够吸收大量二氧化碳(CO_2)。相应地,甘蔗生产出多于其他植物的氧气和生物质能。种植甘蔗虽然占地多,但也增加了周围空气的含氧量!

进阶阅读

甘蔗的学名为 *Saccharum officinarum L.*,别名"秀贵甘蔗(la canne noble)"。19世纪末,农学家开始杂交不同品种的甘蔗,这才有了今天各种各样的甘蔗品种。

甘蔗可以在任何气候下生长

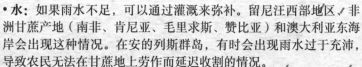

错。甘蔗虽然慷慨大方，但是要想得到它的馈赠，有一个条件必不可少——充足的热量。可惜！这可不是任何气候都能提供的。

不可或缺

糖分的积聚离不开阳光、热量和大量的水。

• **阳光：**甘蔗生长过程的每个阶段都少不了光照。光照让蔗茎变得粗壮，加快它们成熟的速度，让蔗叶变得更大、更厚，让根系更加发达。

• **热量：**甘蔗田占地面积大，无法在上面覆盖温室大棚，其他人工供暖手段也不适用于甘蔗。种植甘蔗理想的昼间温度为 26℃ 至 33℃；生长期所需温度为 28℃ 至 35℃，最低温度为 15℃ 至 18℃。甘蔗在 0℃ 时会被冻坏。

• **水：**如果雨水不足，可以通过灌溉来弥补。留尼汪西部地区、非洲甘蔗产地（南非、肯尼亚、毛里求斯、赞比亚）和澳大利亚东海岸会出现这种情况。在安的列斯群岛，有时会出现雨水过于充沛，导致农民无法在甘蔗地上劳作而延迟收割的情况。

• **土壤：**甘蔗种植对土壤的类型没有明确要求。但是土壤必须湿润，拥有足够的深度，还需要疏松、富含腐殖质和肥料。虽然甘蔗可以在高原生长，但是种植在海拔不超过 500 米的地区收成会更好。

理想种植地

甘蔗最喜赤道附近的热带气候。高温雨季和旱季在这里交替更迭，分别对应甘蔗的不同生长阶段。雨季气温在 28℃ 左右，甘蔗茁壮成长。旱季气温降至约 23℃，甘蔗停止生长，糖分开始积聚。

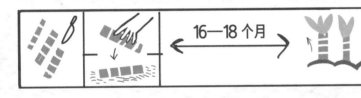

何时栽种？

收获五六次后，老株的收成减少，必须重新种植。种苗被砍下后立即下种。小规模种植的甘蔗一般在雨季开始时栽种，约在一年后第一次收获。大规模种植的甘蔗一般在雨季中或末尾栽种，在 16 至 18 个月后收获。

当心小虫子！

像甘蔗这样茂密的植物免不了被害虫觊觎。钻心虫钻蛀蔗茎，食叶虫啃食蔗叶，蔗龟幼虫和线虫咬坏蔗根。还有一种能叮咬、吸食蔗叶的甘蔗扁角飞虱（*Perkinsiella saccharicida*）；它能传播破坏性极强的甘蔗斐济病病毒。后者会在蔗叶上散播虫瘿，导致蔗叶枯死，随后波及整棵植物。由于农药很难在闷热的甘蔗田内渗透和扩散，人们常用其他昆虫或同为天敌的真菌来消灭害虫。比如在留尼汪，农民会把感染了寄生虫的金龟子和赤眼蜂放入田间，让它们将疾病传染给同类。

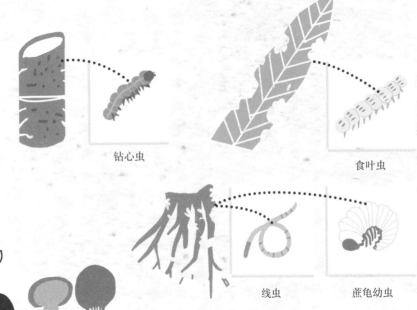

钻心虫

食叶虫

线虫

蔗龟幼虫

进阶阅读

嗯⋯⋯

甘蔗能吃吗？准确地说，甘蔗能吃。甘蔗在法国很少见，只有在一些外国杂货铺里能见到甘蔗，而且可想而知，非生产国的甘蔗很难保证新鲜。新鲜度是甘蔗口感的决定性因素：甘蔗越老越干，味道也会大打折扣。在准备甘蔗的过程中需要很有耐心，而变硬的老甘蔗会让这项工作花费更多力气。食用方法：从节间劈开甘蔗，将一根甘蔗分为若干小段（每段约 15 厘米），削去外皮，即可品尝。咀嚼纤维，用牙齿榨出可口的汁水。待汁水全部榨尽，味道消失，吐出残渣。还可以在水果沙拉里加入一些切成小薄片的甘蔗，削皮后的甘蔗很容易变黑，因此最好即削即吃。

甘蔗只能人工收割

朗姆酒图解小百科
1/ 酿造朗姆酒

错。收割机每小时可以收割 60 吨甘蔗，而一名工人每天只能收割 3 吨到 5 吨甘蔗。产量上的巨大差距解释了为什么在土地状况允许的情况下，越来越多的种植者选择机械收割。

一点儿也不有趣

收割甘蔗不是一件趣事：坚韧的蔗茎难以砍断，狭长的叶子容易把人割伤，砍刀笨重，天气闷热令人窒息，到处都是虫子。还得把一捆捆的甘蔗抱到路边，交给运输车。奴隶制度废除以前，收割甘蔗的工作都由奴隶完成。现在这项苦差事依然难找到人手。

❷ 用砍刀刮去蔗叶、幼芽和不定根。

如何处理？

❶ 用砍刀砍断蔗茎，砍时贴近根部，避免砍到新芽。

❸ 砍去糖分最少的顶部。如果甘蔗太长，则将它一劈为二。

❹ 将甘蔗捆扎好。如果运输车无法进田拖运，则需人工把甘蔗捆抱上运输车。

何时收割？

甘蔗的蔗糖含量到达最大值了吗？ 这是收割甘蔗的必要条件。含糖量必须达到甘蔗总重量的 12.5% 左右。即将成熟的甘蔗会表现出一系列特征：花序出现，蔗叶变黄，茎节肿大。为了确认甘蔗是否已经成熟，农民会采集几滴汁液，然后用折射计测定含糖量。

12.5%

• **收割时甘蔗几岁？** 对于未收割过的种苗来说，一般在下种后的 12 至 14 个月收割，在气温较低的地区，需等待18 至 24 个月方能收割。对于再生的甘蔗来说，一般在前一次收割的一年后再次达到成熟。

• **甘蔗品种和种植区域会影响收割时间。** 安的列斯群岛的收割期为 2 月至 6 月，留尼汪为 7 月至 11 月，而巴西的收割期 8 月才开始。

进阶阅读

火烧法指在收获前先用火把蔗叶烧尽， 方便收割和运输。但是这种方法会向空气中释放乙醇颗粒，尽管是农业来源的生物乙醇，也会危害吸入者的健康。巴西研究者发现这些区域的居民患哮喘和呼吸道疾病的概率比其他区域更高。

甘蔗的"废料"也是有用的

对。甘蔗全身都是宝！糖、朗姆酒、碳氢燃料，这些都是甘蔗带给人类的宝贝。它是牲畜的饲料，它能保护土壤。但要警惕单一耕作的弊端！

咩！真好吃！

收割甘蔗时丢下的蔗叶和甘蔗榨汁时留下的纤维残渣，即**蔗渣**，是甘蔗的副产品，也是反刍牲口和猪的美食。蔗叶和蔗渣难以消化，只能作为成年动物的饲料。在旱季牧草紧缺的时候，它们是很好的替代品。但是蔗叶和蔗渣不含蛋白质，需要佐以其他辅食。

蔗渣，真好用！

蔗渣其貌不扬，却大有用处！全球每年约生产3亿吨蔗渣，其中的60%直接被生产它们的制糖厂和酿酒厂用作**燃料**。其余的，一部分被热电站用于火力发电，另一部分用于喂养牲畜、制作褥草和混合肥料。蔗渣还能用来制作纸张、纸板、织物和隔热材料。

绿色石油

生物乙醇常被人们称为绿色石油，它能与汽油混合制成乙醇汽油，与柴油混合制成乙醇柴油。生物乙醇由各种生物质和植物原料转化而来。在欧洲，人们常用谷物（小麦、玉米）和甜菜制作生物乙醇。在甘蔗生产国，甘蔗是生物乙醇的首选原料。几十年来，巴西一直是生物乙醇领域的翘楚，"绿色能源"汽车的普及减少了温室气体的排放。然而，虽然生物乙醇的法语词根是"bio"，但它并非来自有机种植（culture biologique）的植物。人们通过发酵甘蔗汁或糖蜜来生产生物乙醇。

土地的好朋友

蔗叶长而厚，落在地上能形成天然的保护层，阻碍雨水渗入。

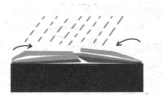

• 甘蔗发达的根系深植在土壤中，减少了雨水的侵蚀。

• 甘蔗能在贫瘠和酸性的土壤中生长，也能在种不了其他作物的山坡上生长。

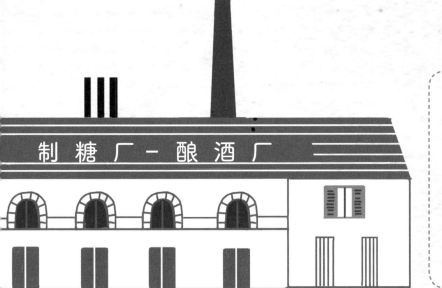

制糖厂－酿酒厂

> ⚠ **进阶阅读**
>
> 甘蔗经营简单，利润丰厚（尤其是糖和乙醇），导致农民大量甚至过量种植。一般而言，单一耕作不利于土壤，也会增加种植者的生产风险。单一耕作甘蔗会对环境造成两大危害：森林砍伐和湿地干涸。

朗姆酒
图解小百科
1/ 酿造
朗姆酒

做朗姆酒一定要用甘蔗汁

不一定。甘蔗汁对于"农业朗姆酒"来说当然必不可少，比如法属安的列斯的特产朗姆酒就以甘蔗汁为原料。但是"工业朗姆酒"的原料是糖蜜，而不是甘蔗汁。

甘蔗汁是什么?

甘蔗汁是通过压榨甘蔗得到的天然汁液。将甘蔗放入压榨机，经过越来越精细的层层压榨得到甘蔗汁。此时甘蔗汁中含有大量蔗渣，使用前还需要过滤。甘蔗的质量对于农业朗姆酒至关重要，因为发酵和蒸馏都不能遮掩甘蔗的口味。每个品种、每个产区都有自己独特的甘蔗风味。

甘蔗汁能做什么?

真新鲜!

• 浅绿色的甘蔗汁可以直接饮用，由于其中70%是水，所以不会太甜，清凉可口。

农业朗姆

• 用于制作农业朗姆酒。只有用甘蔗汁制作的朗姆酒才能被称为农业朗姆酒。

糖浆

• 通过蒸发提炼可以得到甘蔗糖浆（sirop batterie）。这种浓缩液非常甜，常用于制作以朗姆酒为基酒的鸡尾酒。结晶后，甘蔗糖浆会变成粗红糖，因味道强烈而常用于甜品制作。

• 甘蔗糖浆高温加热后会变成甘蔗糖块。热甘蔗糖浆冷却后会结块。将一小块甘蔗糖块溶解在水中，再加入一些柠檬汁，便能做出一杯在拉丁美洲地区非常流行的甘蔗饮品——阿瓜帕内拉（Aguapanela）。

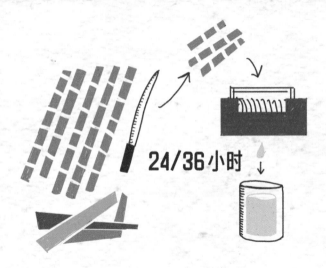

时间就是金钱！

为了不丧失糖分，**甘蔗砍下后必须立刻压榨**。间隔时间最好不超过 24 小时，最长不得超过 36 小时。朗姆酒的质量和甘蔗的收益均取决于此。

24/36小时

农民开辟的道路

19 世纪以前，所有朗姆酒都由糖蜜制作，是一次蔗糖危机造就了农业朗姆酒。当时法国与英国交战，后者封锁了法国的通商口岸。没有了蔗糖，**拿破仑一世便大力扶持甜菜制糖技术**，并且得到了令之欣喜的成功。

见鬼！

跟我没关系，反正我有甜菜！

法国

法国不要我们了！

兄弟们，这下完蛋了……

别啊！

但是贸易阻断愁坏了安的列斯群岛的甘蔗种植者。由于无法出口蔗糖，他们只能扩大朗姆酒的生产。许多大型工厂也在这时建立起来，但是地理位置较为偏远的种植者被排除在了这次热潮之外。他们选择直接蒸馏甘蔗汁，而省略了制糖的步骤，因为制出的糖本身无法出口，制糖只是为了获取糖蜜。直接蒸馏甘蔗汁得到的饮品起初只有当地农民饮用，因而被称为**"农民朗姆（rhum z'habitant）"**。

进阶阅读

AOC= 原产地命名控制（appellation d'origine contrôlée）。马提尼克岛生产的纯甘蔗汁酿造的农业朗姆酒被列为原产地命名控制等级。原产地命名控制对于消费者来说是一项保障，因为它对生产者提出了一系列要求：控制产量，禁止施肥和催熟，限制非自然浇灌，限定收割时间，限制甘蔗品种。它对蒸馏、朗姆酒类别，尤其是陈酿时间也做出了明确的规定。瓜德罗普岛生产的工业朗姆酒仅被列为地区餐酒（IGP, Indication géographique protégée）等级。相较于原产地命名控制，地区餐酒的要求更低，但产品来源依然能够得到保证。

对还是错？

糖蜜从糖中获得

对。人们用糖蜜制作工业朗姆酒。糖蜜是糖的一种残留物。因此。制作工业朗姆必须先制糖，制糖必须先加热甘蔗汁。

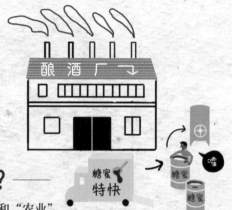

工业朗姆酒还有两个更专业、更好听的名字："糖蜜朗姆酒"和"糖厂朗姆酒"。集制糖和蒸馏一体的酿酒厂用自己生产的糖蜜制作朗姆酒，糖蜜的新鲜度和质量都可以得到保证。只有蒸馏业务的酿酒厂则向制糖厂购买糖蜜，与新鲜收割的甘蔗不同，糖蜜可以储存一段时间再使用，因此酿酒厂无须建造在甘蔗田附近。

为什么是"工业朗姆酒"？

名字虽然不悦耳，但是"工业"朗姆酒和"农业"朗姆酒同样可以满足我们的味蕾。

据说工业朗姆酒……

• 更柔和。对，农业朗姆酒的含糖量更低，更干一些。

• 更适合调制鸡尾酒。这取决于鸡尾酒的口味。但是实际操作中，工业朗姆酒的确更常用于制作鸡尾酒，或许是因为它在鸡尾酒中的存在感更低。

• 不需要那么多的知识技能。诚然，农业朗姆酒需要遵守一系列严苛的规定，还需要懂得如何保存甘蔗的独特风味。但是这并不意味着工业朗姆酒制作起来更简单。发酵、蒸馏、陈酿，一步也不能少。

生产的主力军

工业朗姆酒在全球的销量遥遥领先，而农业朗姆酒的产量仅占全球产量的2%。古往今来都是如此。朗姆酒最初使用的就是糖的副产品，当时人们还不知道蔗渣可以用来当燃料。20世纪，鸡尾酒在派对上大放异彩，而工业朗姆酒在鸡尾酒制作上的强势表现巩固了它的地位。

马提尼克岛

代表国家和地区

安的列斯群岛以高质量的农业朗姆酒著称。马提尼克岛和圭亚那只生产农业朗姆酒，而瓜德罗普岛也用糖蜜制作朗姆酒。拉丁美洲地区、马德拉群岛、法属波利尼西亚、毛里求斯和海地也生产农业朗姆酒，但是后三个国家和地区的农业朗姆酒没有得到欧盟的承认。留尼汪的制糖业非常发达，所以其生产的朗姆酒99%都是工业朗姆酒。

圭亚那

法属波利尼西亚

瓜德罗普

毛里求斯

海地

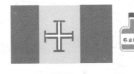

马德拉

留尼汪

进阶阅读

什么叫"传统朗姆酒"？我们通常把用糖蜜制作的朗姆酒叫做传统朗姆酒，但是这个名称也适用于农业朗姆酒。传统朗姆酒属于"浓烈型"朗姆酒，酒精浓度可达90%以上。之所以被称为"传统"，是因为它采用了古老的单柱式蒸馏技术，影响了酒精的浓度。

朗姆酒
图解小百科
1/ 酿造朗姆酒

发酵朗姆酒需要酵母

对。和所有烈酒、葡萄酒一样，朗姆酒的发酵也需要酵母。虽然每家酿酒厂都有自己的秘方，但原理是相通的。

让-安托万·沙普塔尔

路易·巴斯德

酵母有什么用?

它能将植物中的糖分通过发酵转化为酒精。19世纪，让-安托万·沙普塔尔（Jean-Antoine Chaptal）和路易·巴斯德（Louis Pasteur）的研究让酿制葡萄酒和烈酒的人更加了解发酵过程。这些微小的真菌在自然界中本就存在，但是任由它们自己反应未免太过随意。酵母能帮助植物散发本身的香气，但是不能制造香气。为了获得想要的味道，必须找到能够完美匹配的甘蔗（或其他植物）和酵母品种。

发酵条件

• 无论是甘蔗汁还是溶解在水中的糖蜜，**发酵过程都一样**。

• 将液体倒入大型不锈钢桶，在**液体中加入微生物，也就是酵母**。

• 温度至关重要：**38℃至40℃**。超过这个温度，酵母就会被杀死。温度太高时需要及时降温，比如采用装满冷水的蛇形金属管，同时避免酵液与冷水直接接触。

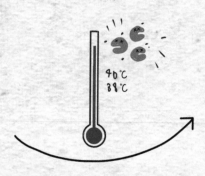

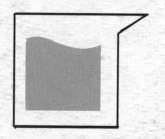

• 发酵结束后，得到4度至8度的酵液，即"甘蔗酒"，准备下一步蒸馏。

自主发酵

只有一些小酿酒厂还会使用这种古老的发酵技术，比如海地的酿酒业历史悠久，当地酿酒厂严格遵守传统、环保但低产的酿酒方式。自主发酵只使用空气和甘蔗汁里的酵母，在敞口的桶中进行一至两个星期的发酵。

人工发酵

• **批量发酵**。指让甘蔗汁与植物来源、实验室培养的酵母发生反应。发酵过程将持续一至三天。

• **持续发酵**。越来越多的酿酒厂采用这项新技术。持续发酵指不断向发酵桶中加入糖蜜，让酵母保持活跃状态。

进阶阅读

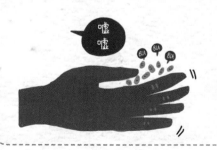

要想让香气在发酵或之后的步骤中产生，好的发酵是关键。酿酒厂都希望自己的朗姆酒能拥有其他人无法模仿的标志性口味，因此对自己使用的酵母守口如瓶。有些酿酒厂甚至会培养自己的菌株。

对还是错?

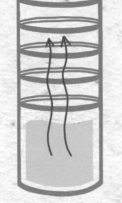

朗姆酒图解小百科

1/酿造朗姆酒

朗姆酒会通过一根蒸馏柱

基本正确。 19 世纪,蒸馏柱的出现革新了各类蒸馏酒的酿造技术。但是朗姆酒的蒸馏方式远不止蒸馏柱一种。

蒸馏有什么用?

蒸馏是为了把酵液中的各种成分分离,即酒精、芳香物、水和危险的物质。

各种各样的蒸气!

分离水和酒精相对简单,因为二者沸点不同:水100度,酒精78.4度。蒸馏柱加热至酒精沸点后,酒精蒸气进入冷凝器,在冷凝器中变回液体。此外,各种芳香成分的沸点各不相同,酿酒师会将发酵时选出的"次要"芳香物与不需要的气体分离开。

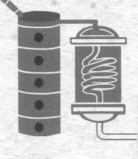

为什么用铜?

过去的蒸馏柱大多为玻璃和陶瓷材质,后来被更容易塑模和制造的铜取代,而且铜的导热性好、耐腐蚀,缺点是易磨损。也有人提出用不锈钢代替铜的想法,可惜不锈钢虽然便宜耐用,但是会散发硫的气味,影响酒的品质。相较之下,铜能促进化学反应,去除杂质,比如硫。

贵倒是不贵……但是臭!

酿酒缸

锅炉

间歇式蒸馏

如果采用这项古老而少见的蒸馏技术，甘蔗液或糖蜜液会通过两次蒸馏柱。第一次蒸馏后，酒液的酒精度数为 25 度至 35 度，第二次蒸馏后可达 60 度。最先从蒸馏口出来的一部分酒叫"酒头"，必须去除，因为其中含有甲醇等有害物质以及不需要的气味。接下来从蒸馏口流出的是"酒心"，蒸馏师会小心翼翼地监控此时的温度，从而获得理想的馏出液。最后流出的是"酒尾"，即"酒糟"，这部分酒精浓度低，味道差，也会被舍弃。

连续式蒸馏

连续式蒸馏省时省力，在两个多层蒸馏柱中进行。酒液从顶部灌入，蒸气从底部进入。液体和气体在每层的酒盘上交汇。酒精和芳香物通过蒸发向上流动。当液体酒精度数达到要求（60 度至 75 度）时，将酒液从蒸馏柱中提取出来。在此之前，酒液会回流至蒸馏柱中继续蒸馏。蒸馏师会时刻注意回流过程，因为此时酒液中含有让一款朗姆酒与众不同的香气。

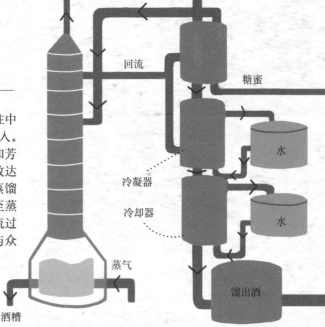

酒精蒸气

回流

糖蜜

水

冷凝器

冷却器

水

蒸气

酒糟

馏出酒

进阶阅读

一个爱尔兰人无意间推动了朗姆酒业的发展。埃涅阿斯·科菲（Aeneas Coffey）在 1830 年发明了科菲蒸馏器，即柱式蒸馏器。科菲原本是一位海关检查员，因痴迷威士忌而发明了柱式蒸馏器。他的发明让蒸馏过程得以持续进行，减轻了这项繁重、枯燥的工作，吸引了世界各地蒸馏师的目光。而科菲的同胞们因为嫉妒减缓了威士忌商品化的进程。

朗姆酒
图解小百科
1/ 酿造
朗姆酒

朗姆酒在蒸馏后立刻装瓶

错。 在装瓶或陈酿以前，朗姆酒需要在桶中培养一段时间，等待成熟。此时还需在酒液中加入一定量的水，从而降低酒精浓度，以免过于辣口。

成熟时刻

• 从蒸馏柱出来后，朗姆酒会进入不锈钢酒桶。

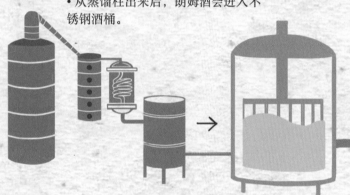

• 在桶中，朗姆酒会经过长时间的细致搅拌，去除杂质，通风透气，各种各样的香味也会在此时显现出来。

• 与此同时，在朗姆酒中加入矿泉水，直至达到期望的酒精浓度。如果之后朗姆酒还需要陈酿，这一步必不可少，因为过高的酒精浓度会腐蚀木头，并从中吸取过多的单宁。

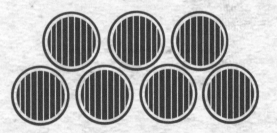

减的艺术

耐心。为了降低酒精度数而在朗姆酒中加入大量的水会赶跑香味。必须缓慢多次加水。整个过程有时可以持续半年之久。

水质。绝对不能使用普通的自来水！只能使用矿泉水，如有需要，还可以使用过滤后的雨水。

• 酒液的刺激性逐渐消失，果味逐渐出现，酒体变得更加圆润饱满，只待品尝。

需不需要过滤?

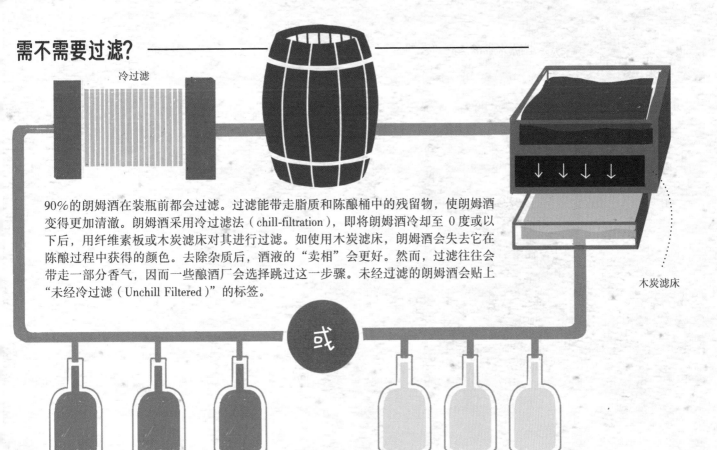

冷过滤

木炭滤床

90%的朗姆酒在装瓶前都会过滤。过滤能带走脂质和陈酿桶中的残留物,使朗姆酒变得更加清澈。朗姆酒采用冷过滤法(chill-filtration),即将朗姆酒冷却至 0 度或以下后,用纤维素板或木炭滤床对其进行过滤。如使用木炭滤床,朗姆酒会失去它在陈酿过程中获得的颜色。去除杂质后,酒液的"卖相"会更好。然而,过滤往往会带走一部分香气,因而一些酿酒厂会选择跳过这一步骤。未经过滤的朗姆酒会贴上"未经冷过滤(Unchill Filtered)"的标签。

或

多少度?

- **4 度至 5 度:** 蒸馏前"甘蔗酒"的度数。
- **65 度至 75 度:** 蒸馏后朗姆酒的度数。
- **37 度至 50 度:** 依据法律,朗姆酒装瓶后的最低度数。
- **40 度:** 陈年朗姆酒或清淡朗姆酒稀释后的常见度数。
- **50 度至 55 度:** 农业朗姆酒稀释后的度数。
- **84.5 度:** 最浓烈的朗姆酒的度数,产于加勒比海的圣文森特和格林纳丁斯半岛。

进阶阅读

朗姆酒的未来由酿酒师和酒窖主在**实验室中秘密决定**。他们对每一款朗姆酒进行感官评估。他们闻嗅香气,品尝佳酿。他们评估香气的丰富度、酒体的平衡度和液体在口中停留的时间。应该直接装瓶还是延长成熟期?哪些适合在桶中陈酿,哪些又该直接送入白朗姆酒爱好者的口中?即便只是在静置,朗姆酒也会受到严密的监控。

朗姆酒
图解小百科
1/ 酿造
朗姆酒

朗姆酒在木桶中陈酿

不一定。陈酿不是强制的。白朗姆酒虽然会在装瓶前静置培养一段时间，但是不会在酒桶中陈酿。只有琥珀色的朗姆酒或陈年佳酿才需要在或大或小的木酒桶中陈酿，陈酿时间由期望获得的结果决定。

朗姆酒在陈酿期间会发生什么改变？

• 变柔和。

• 颜色变深。

• 香味变丰富。

• 获得木头的香味，每个品种、每种风土的香味各不相同。

小桶还是大桶？

大桶（le foudre），这种巨型木桶容量不定，但是要比小桶大上数倍。朗姆酒在大桶中与木头接触少，因而大桶一般不用于陈酿，而用于培养。

小桶（le fût）的体积要小得多。小桶能将自己的木香传递给朗姆酒，香味会根据酒精度数的不同而改变，也会随着时

间的推移而变得更加丰富。之前陈酿过其他酒的酒桶能将前一桶酒的特点带给下一桶酒。根据朗姆酒对新桶的刺激程度的不同，新桶也能带来不同的香味。

为什么用波本的酒桶?

朗姆酒和威士忌一样，常常在已经陈酿过波本酒的酒桶中陈酿。白橡木酒桶优良的质量是原因之一，但是更重要的是它们在市场上的数量更多、价格更低。美国法律规定波本酒只能用新桶陈酿，美国酿酒厂便将这些不能重复使用的酒桶转卖。在少数情况下，朗姆酒也会在干邑、波特酒和葡萄酒的陈酿桶里陈酿。

定型!

一旦装瓶，朗姆酒的特性就不会再发生改变。它的品质不会退步也不会进步。一瓶好酒当然值得留到某个特殊的机会再品尝，但是它的味道不会比买来时更香醇。

进阶阅读

为了获得卖相更佳的**红朗姆酒**，一些酿酒人会在酒中添加用于着色的**焦糖**。朗姆酒发明之初便出现了这种做法。人们普遍认为朗姆酒陈酿时间越长，颜色越深，口感越柔和，这也是事实。法律规定只要不是为了仿冒陈年酒，就可以在朗姆酒中添加糖或焦糖。酒商一般不会以添加焦糖为卖点，标签上也不会注明。

朗姆酒
图解小百科
1/ 酿造
朗姆酒

朗姆酒不存在"天使的份额"一说

　　错。和其他所有烈酒一样，只要朗姆酒还没有装瓶，其中的酒精就会挥发。生产国炎热的气候更是会加速这一进程。

嗝

有趣的炼金术

"天使的份额"这个说法来自炼金术，指酒中易挥发的成分。

阳光也贪杯

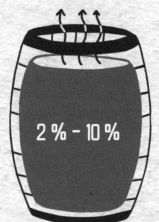

2%-10%

"天使的份额"指的其实是一个自然现象：由于酒桶并非完全密封，当酒在陈酿时，一部分酒精会不可避免地挥发出去。这是陈酿的必经之路，大家心知肚明，不必过分担心。在气候温和的地区，挥发的酒精占产品的2%；而在炎热、湿润的地区，如甘蔗产区，"天使的份额"可达7%至10%。

环境因素

酒精挥发的多少取决于陈酿的酒窖。在潮湿的环境中，空气中已经有了足够多的水分，便不再需要从酒中吸收水分，酒中酒精的挥发速度会比水的挥发速度更快。在干燥的环境中，空气会从酒中吸收更多水分，因而酒精的占比就会变大。酒窖主会将空气的因素考虑在内，通过调整湿度来改变酒精度数，从而改变最终成品的口味。

啊……该增加湿度了。

比天使更狡猾

木头也会吸取一部分酒液，干燥的空桶吸收得尤其多。酿酒师也想出了应对办法：补酒。他会用一个形似喷水壶的添酒器把酒桶补满。为了不破坏酒的特性，所加朗姆酒的年份、产区最好都与桶中朗姆酒保持一致。

最多 28 年

如果不加干预，任由朗姆酒在桶中陈酿，一桶 240 升的朗姆酒陈酿 28 年就会见底。热带地区的"天使"更贪吃，所以朗姆酒的陈酿时间不宜过长。

进阶阅读

Baudoinia compniacensis（子囊菌门座囊菌纲煤炱目）：这种真菌很容易在充斥酒精气体的环境中滋生。它会在酒窖的墙壁和酿酒厂周围的房屋上留下黑色的痕迹。虽然对身体无害，但是它对房屋美观的破坏还是会引起邻居的不满。

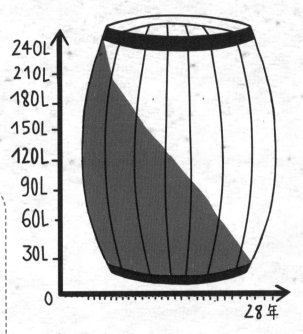

朗姆酒
图解小百科
1/ 酿造朗姆酒

只有两种朗姆酒：白朗姆和红朗姆

错。为了让朗姆酒和鸡尾酒爱好者得到满足，朗姆酒的世界非常多元。

两个类别——哪两个？

形容词"白"和"红"指的并不是朗姆酒的类别，只是能给人一个对于酒龄的（大致）概念，因为朗姆酒在陈酿时颜色会加深。

如果一瓶朗姆酒是白朗姆酒，即色泽透明，那么它在成熟后没有进入酒桶陈酿便立即装瓶。如果一瓶朗姆酒是红朗姆酒，即颜色较深，那么根据法国法律，它必须至少在木桶中陈酿六个月。但是，无论是白朗姆酒还是红朗姆酒，都一定属于农业朗姆酒（以甘蔗汁为原料）或工业朗姆酒（以糖蜜为原料），这才是朗姆酒最基本的两个类别。从制作之初，朗姆酒的类别就已经决定，不存在既属于农业又属于工业的朗姆酒。

"琥珀"是什么？

琥珀朗姆酒一般指呈琥珀色的朗姆酒。琥珀是松柏科植物树脂形成的化石（数百万年），常用于制作珠宝和装饰品。注意不能将琥珀与**灰琥珀**（即龙涎香）混淆，后者是抹香鲸消化系统产生的物质，常用于制作香水。

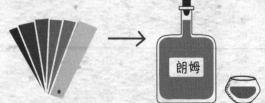

植物琥珀的颜色从黄色到深棕色不等，但琥珀色通常令人联想到金色。因而颜色较浅的朗姆酒会被称为"琥珀朗姆酒"。法国法律没有对琥珀朗姆酒做出规定。它通常指陈酿时间在一年至一年半的朗姆酒，即介于"一年朗姆酒（élevé sous bois）"和"老朗姆酒（vieux）"之间。

红朗姆酒：至少六个月。

一年朗姆酒：至少一年。

老朗姆酒、特老朗姆酒、"VO"：至少三年。

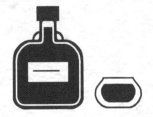

窖藏朗姆酒、特藏朗姆酒、特酿朗姆酒和"VSOP"：至少四年。

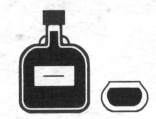

极老朗姆酒、"XO"、超龄朗姆酒和佳藏朗姆酒：至少六年。

朗姆酒几岁?

法国法律规定了每个名称的朗姆酒在桶中陈酿的时间。法国本土产的朗姆酒必须遵守这些规定，进口朗姆酒则不一定。

香料和花式朗姆酒

法律禁止为了模仿朗姆酒的口味而对烈酒进行人工调味。但是只要不蓄意隐瞒，并在标签上说明，那么对朗姆酒调味，使其口味更加醇厚的做法是合法的。于是便有了香料朗姆酒，即在白朗姆酒或老朗姆酒装瓶前，将香料在其中浸泡约一个月的时间。消费者并不总能得知到底添加了哪种香料。有时标签上会注有来自生产国的"热带"香料，或"传统"香料。虽然不知道具体的香料品种，但是为了保持产品独特的口味，添加的香料不会任意改变。

进阶阅读

应该以酿酒厂的"经验"论好坏吗？在烈酒领域，酿酒厂的资历经常被认为是产品品质的保证。朗姆酒历史悠久，即使酒窖主不断更迭，手艺也会一代一代地传承下去。资历深也未必是一件好事，随着品牌的扩张，为了加大产量，酿酒厂会放弃一些曾经引以为傲的"传统"。一家年轻的酿酒厂也可以打正统牌。价格是判断朗姆酒好坏的一个标准，和其他产品一样，一分价钱一分货，想要品尝卓越的朗姆酒，就要愿意为它买单。

"索雷拉"是朗姆酒的一种品牌

错。"索雷拉"是西班牙人发明的一种陈酿系统。它也可以用于葡萄酒和醋的酿造。

多年代

索雷拉陈酿系统最初是为雪莉酒量身打造的。在雪莉酒的酿造过程中,酿酒师通过添加葡萄烈酒来阻断发酵,从而保留一部分没有转化成酒精的糖分。索雷拉陈酿系统采用氧化酿酒方式,即不将酒桶倒满,而让酒液和空气持续接触。新酿的酒液用来补充已经陈酿一段时间的老酒,起到以老带新的作用。

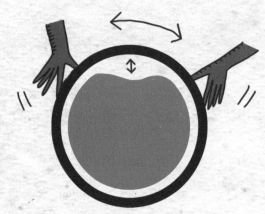

新酒

第二培养层

第一培养层

索雷拉层

如何酿?

• 将酒桶**分层叠放**,至少三层,至多八层。

• 最底层酒桶的朗姆酒陈酿时间最长,随时可以装瓶。该层被称为**"索雷拉层(Solera)"**,索雷拉陈酿系统就是得名于此。

• 索雷拉层的上一层是**第一培养层**(première Criadera),该层的朗姆酒比索雷拉层更"年轻",当索雷拉层的一部分酒液被抽取装瓶后,酿酒师会从第一培养层中抽取等量的酒液补充至索雷拉层。

• 第一培养层的上一层是**第二培养层**(deuxième Criadera),第二培养层的朗姆酒又比第一培养层更年轻一些,用来补充第一培养层被抽取的酒液。之后的培养层以此类推。

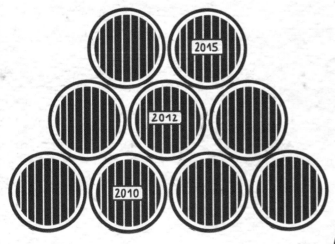

何时补液?

酒窖主会在他认为合适的时候装瓶和补液，比如每六个月或每三年。法国法律规定朗姆酒瓶上标注的年份必须是最老的朗姆酒的年份。但是西班牙酒商不遵守这项规定。最老的年份通常只起参考作用，被标注在酒标不起眼的位置上。

能逃过混装吗?

单一酒桶朗姆酒（single cask）：能。就像它的名称一样，单一酒桶朗姆酒必须来自同一个酒桶。其他烈酒也是如此。

年份酒：不能。年份酒必须来自同一个年份，但是不要求来自同一个酒桶，甚至不要求来自同一个酿酒厂。

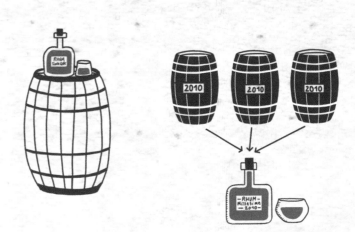

进阶阅读

混装意味着混合不同酒龄、不同酒桶、不同酿酒厂的朗姆酒，无论白朗姆酒还是陈年朗姆酒。混装不受限制，也无需在酒标上注明。混装的主要作用是使产品保持稳定的质量。这不是一件需要担心的事，无论是混装酒还是单一酒桶酒，它们的质量仅仅取决于酒窖主的才华。

朗姆酒
图解小百科

2/ 朗姆酒的世
界环游之旅

对还是错？

甘蔗原产于印度

错。甘蔗原产于新几内亚岛，那里的人们早在公元前两千多年前就已经开始种植甘蔗。从新几内亚到如今盛产甘蔗的热带地区，甘蔗走过了漫长的旅程。

15 世纪前的甘蔗之路

1 2500 年前，从亚洲大陆经海路来到新几内亚岛的居民发现了甘蔗，他们咀嚼甘蔗茎榨取汁水。

2 新几内亚岛的甘蔗与附近大洋洲以及喜马拉雅山脉的甘蔗杂交。公元前 5 世纪出现了适合制糖的秀贵甘蔗品种。

3 甘蔗的名声传到了中东。波斯人惊叹于这种"能产蜜而不会引来蜜蜂的芦苇"。甘蔗来到印度后大受欢迎。公元前 4 世纪，亚历山大大帝的一位将领将甘蔗从印度引入了西方。

4 7 世纪起，地中海沿岸开始种植甘蔗。阿拉伯人推广了波斯人的技术。人类也是在这时懂得了如何从甘蔗中提取糖分。

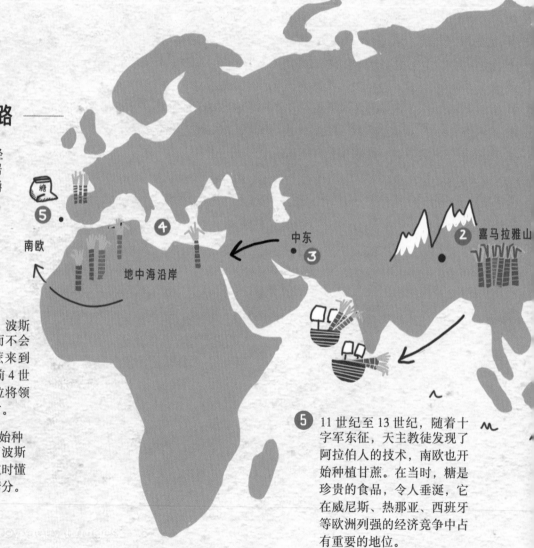

南欧

地中海沿岸

中东

喜马拉雅山

5 11 世纪至 13 世纪，随着十字军东征，天主教徒发现了阿拉伯人的技术，南欧也开始种植甘蔗。在当时，糖是珍贵的食品，令人垂涎，它在威尼斯、热那亚、西班牙等欧洲列强的经济竞争中占有重要的地位。

神圣的植物

在古印度，甘蔗被视为来自神界的植物。印度人非常喜欢吃甘蔗，并发明了最初的甘蔗制糖技术。他们将这种美味的物质称为"sarkara"[1]。

SACCHARUM OFFICINARUM L.

之所以瑞典自然学家卡尔·林耐[2]会在17世纪为甘蔗取这样一个深奥、严肃的学名，是因为甘蔗最先为人所知的是其药用价值。甘蔗富含几乎每个人体器官都必不可少的微量元素和矿物质。人们通过饮用甘蔗汁来获得甘蔗的有益成分，可惜这并非易事，因为甘蔗和甘蔗汁的保存时间都非常短。喝一杯上好的朗姆酒未必能获得同样的功效！

① 新几内亚岛

大洋洲

进阶阅读

甘蔗有很多品种，还有一些为特定气候培育的杂交品种。它们都有同一个祖先：*Saccharum Officinarum*。每种甘蔗名称上的数字代表了它们的专业用途。为了弥补这些缺乏情调的学名，当地人为他们的甘蔗取了各种各样的昵称。比如法属安的列斯最著名的"蓝甘蔗"。

1.梵语，指"砂糖"。
2.卡尔·冯·林耐（Carl von Linné，1707—1778），瑞典自然学者，现代生物学分类命名的奠基人。

对还是错?

克里斯托弗·哥伦布将甘蔗带到了安的列斯群岛

对。15世纪末,克里斯托弗·哥伦布用舰队把甘蔗引入了"新大陆",并大获成功。

甘蔗的冒险

1 根据哥伦布的航海日志,1493年,他在第二次航行途中经过加那利群岛,准备把从那里获得的甘蔗苗引进"新大陆"。

2 哥伦布把第一批甘蔗苗种在了他刚刚发现的伊斯帕尼奥拉岛上,即后来的法属圣多明戈岛[1]上。就这样,人称"克里奥尔[2]甘蔗"的植物在这片西方人依然知之甚少的大陆上生长了起来。

3 甘蔗种植拓展到了邻岛以及南美洲的东北部。巴西凭借第一批大型糖厂成为其中的佼佼者。这次糖业扩张的总指挥葡萄牙则直到17世纪中叶一直主导着全世界的白糖经济。

4 在同一时期,烟草种植的失败促使法国在其殖民地马提尼克、瓜德罗普和圣多明戈三座安的列斯岛屿上发展甘蔗种植业。白糖成了法国最主要的经济来源之一。

5 18世纪,欧洲列强争相开展白糖贸易。

1 1493

加那利群岛

谢谢!

好了

4 瓜德罗普
马提尼克

2

5

不,我的!

我的!

3 巴西

1.今海地。
2."克里奥尔人"泛指欧洲人在殖民地移民的后裔。这些地方使用的由葡萄牙语、英语、法语以及当地语言混合并简化而生的语言被称为"克里奥尔语"。

嗯……
我知道了，
加糖！

炉灶后面的诺查丹玛斯

虽然先知诺查丹玛斯[1]名垂千古另有原因，但是作为药剂师的他在 1555 年发表了一本关于果酱的著作。他在书中详细介绍了蜜和糖在糖果业的应用，为糖业的发展做出了贡献。

SACCHARUM VIOLACEUM

航海家、探险家路易-安托万·德·布干维尔（Louis-Antoine de Bougainville）在 1766 年至 1769 年的世界环游中发现了这种生长在法属波利尼西亚的野生品种，因而该品种也称为塔希提[2]甘蔗。它在毛里求斯和留尼汪则被称为波旁甘蔗。该品种后来被出口到安的列斯群岛、圭亚那、路易斯安那和巴西。直到 19 世纪，它一直是最主要的种植品种，后来人们用它杂交出了抗病虫害能力更强的新品种。

1. 诺查丹玛斯（Nostradamus，1503—1566），法国籍犹太裔预言家，精通希伯来文和希腊文，著有预言集《百诗集》（*Les Propheties*）。
2. 塔希提岛是法属波利尼西亚海外属地的一个岛屿。

进阶阅读

提起制糖就要提到精炼。在路易十四敢想敢干的大臣让-巴蒂斯特·科尔伯特（Jean-Baptiste Colbert）的倡导下，安的列斯群岛生产的糖在法国的港口城市精炼，如波尔多、马赛、南特、拉罗谢尔、鲁昂。波尔多依靠毗邻大西洋的地理优势，与其他欧洲国家展开合作，成为了欧洲的"糖都"。

对还是错？

甘蔗种植业助长了奴隶制度

对。 早在朗姆酒贸易出现之前，甘蔗贸易就已经是欧洲列强争相抢夺的目标。但是要生产甘蔗，少不了劳动力，而且最好是廉价劳动力。

干活儿了！

1100 万

16 世纪至 19 世纪，从非洲被运往加勒比海、安的列斯群岛和美洲的奴隶人数。

奴隶的平均寿命。

25

法国废除奴隶制度的时间。

1848

400000

路易十四时期，靠贩卖奴隶和与安的列斯群岛进行贸易往来为生的法国人人数。

没力气可不行

砍甘蔗不是易事。甘蔗田叶子多、虫子多、闷热难当。

甘蔗不易保存，必须就地立刻处理：在磨坊榨取汁液，用锅炉让糖结晶。

遇到恶劣的气候条件（炎热、多雨），农场主更愿意把体力劳动交给别人。

三角贸易

殖民时代之初，三角贸易与美洲黑奴贸易一同建立起来。之所以被称为三角贸易，是因为它涉及三个大洲：欧洲、非洲和美洲。商船从欧洲港口出发，到达西非，用商品换取黑奴，然后将黑奴运往"新大陆"，让他们栽种农业作物。欧洲商船在美洲以低价购买"异域"食品（糖、咖啡、可可、棉花、烟草），回到欧洲港口后再以高价卖出，从中获利。三角贸易利润非常高，波尔多、南特、利物浦、里约热内卢等城市的繁荣正是建立在三角贸易之上。

不止非洲人

不是所有的奴隶都来自非洲。16 世纪的葡萄牙殖民者曾尝试在巴西使用印度劳动力，但是印度人难以管教，被非洲人取代。英国人则把美洲印第安人变成了奴隶，并把其中一部分运至加勒比海的种植园。美洲印第安人也会把其他部落的俘虏卖给欧洲人，这也是为什么会在马提尼克的甘蔗园碰见阿帕切人[1]。

1. 阿帕切人为北美印地安人的一个部落。

在这儿签名……

进阶阅读

在奴隶制盛行之前，为第一批殖民者种植园劳作的是"雇佣工"。他们与农场主签订劳动合同，在农场生活和工作。雇佣工一般是一无所有的移民，他们的工资低廉，对农场主来说较有吸引力。安的列斯群岛的第一批雇佣工来自法国。1848 年奴隶制废除后，劳动力主要来自中国、印度等地，价格依然低廉。加勒比海和美洲大陆的农场也是如此。

第一桶朗姆酒在加勒比海酿造

对。准确地说，第一桶朗姆酒诞生于小安的列斯群岛的巴巴多斯。巴巴多斯也因此被誉为朗姆酒的摇篮。

巴巴多斯的证明

1627 年，英国在巴巴多斯建立殖民地。荷兰人彼得·布洛尔（Pieter Blower）从已经开始生产甘蔗的巴西将这种植物带到了巴巴多斯。早在 1642 年，人们就开始在巴巴多斯酿造朗姆酒。在当时的欧洲人中，只有英国水手喜欢喝这种原生态的烈酒。据说为了证明自己穿越了大西洋，英国水手把瓶装朗姆酒带回英国，给人品尝。

凯珊朗姆酒

凯珊（Mount Gay）被誉为"世界上最古老的朗姆酒品牌"。该公司创立于 1703 年，但种植园早在 50 年前就已经存在。19 世纪初，为了向英明的管理者约翰·盖伊·阿莱恩爵士（Sir John Gay Alleyne）致敬，种植园才以"凯珊"命名。正是这位爵士为种植园带去了成功。1989 年，凯珊朗姆酒品牌及其酿酒厂被法国酒业巨头人头马君度（Rémy Cointreau）收购。

来吧，从现在开始种甘蔗。

咔

从塔菲亚酒到"烧肚酒"

17世纪中叶，黎塞留枢机主教发现安的列斯群岛的烟草种植业收益惨淡，便鼓励法国殖民地种植甘蔗。此举大获成功，很快便生产出可供出口的白糖，以及塔菲亚酒（tafia），即当时的朗姆酒。为了突出这种饮品的酒精浓度之高，人们还为它取了一个昵称——"烧肚酒（brûle-ventre）"。

走开

塔菲亚

干邑

超级波尔多

别碰我的干邑！

出于维护王室经济利益的原因，来自殖民地的塔菲亚酒没能在法国本土得到欢迎。葡萄酒在法国已经形成了一种机制，出口用葡萄酒制作的烈酒干邑也为王室带来了巨大的利润。怎么能有竞争对手呢？因此，1713年，一项法令直接禁止了塔菲亚酒的贸易。

进阶阅读

在巴巴多斯，古老的磨坊星罗棋布。过去，人们用这些磨坊把甘蔗捣碎再榨取汁液。岛上最新的酿酒厂使用的仍然是传统的二次蒸馏技术和特殊的发酵技术。巴巴多斯的朗姆酒以其独特性享誉全球。

朗姆酒贸易利用了蔗糖贸易

错。朗姆酒从未给蔗糖贸易带来巨大的经济利益，但是甘蔗危机促进了朗姆酒的发展。

1745

德国化学家安德烈亚斯·西吉斯蒙德·马格拉夫（Andreas Sigismund Marggraf）发现甜菜中含有可以提取的糖分。他把研究成果通过论文发表了出来。

1806

法国蔗糖危机爆发！拿破仑一世颁布大陆封锁政策，阻止英国货物进入法国。作为对策，英国也阻断了法国商船穿越大西洋的通路。法国与殖民地以蔗糖为主的贸易往来因此中断。

1802

马格拉夫的学生弗朗茨·卡尔·阿哈德（Franz Karl Achard）在德国东部西里西亚的屈内姆（Künem）开设了全世界第一家甜菜制糖厂。他用 70 千克的甜菜提炼出了 2 千克的糖。

1810

著名化学家让-安托万·沙普塔尔让拿破仑注意到阿哈德的成功以及法国自己生产甜菜的重要性。

花式朗姆酒

一些给朗姆酒装瓶的酒商不知廉耻地粉饰产品。他们用旧皮革、焦面包、坚果核或直接用焦糖给朗姆酒染色，仿冒陈酿的效果，再贴上"花式朗姆酒（rhum fantaisie）"的标签，拿到市场上出售。

种植者的反击

19世纪中叶，根瘤蚜肆虐，法国葡萄酒产量大幅下降，烈酒的需求迅速上升。于是，葡萄酒酒商共同推动了朗姆酒的发展：持有朗姆酒销售权的他们将殖民地的朗姆酒储存在自己的酒窖中，再装瓶出售。20世纪初，朗姆酒和塔菲亚酒带来的经济效益已经超越了蔗糖，以至于甘蔗种植者们纷纷将制糖厂改为酿酒厂。第一次世界大战期间，他们也不听从法国的产糖要求，而继续生产能够振奋法国士兵士气的朗姆酒。

1814

拿破仑帝国的灭亡解放了海上运输。蔗糖再次进入法国本土，甜菜制糖业的发展渐趋缓慢。

1830

甜菜制糖业获得了辉煌的成功。在税收优惠政策下，数百家炼糖厂建立起来。

12

雅明·德莱塞尔（Benjamin Delessert）炼糖厂说服了拿破仑一世。德莱塞尔一家蔗糖精炼厂的厂主，英国的贸易锁让他把目光转向了甜菜。他与首席程师让-巴蒂斯特·凯吕埃尔（Jean-ptiste Quéruel）一起发明了一种可以糖结晶的技术，赋予了糖易于切分的质。德莱塞尔也因此获得了荣誉军团字勋章。拿破仑下达命令，在数千公的土地上种植甜菜。

进阶阅读

1902年5月，马提尼克的圣皮埃尔经历了可怕的一个月。从4月起，培雷火山隆隆作响，火山灰和硫磺的气味笼罩着圣皮埃尔。5月5日，滚烫的泥石流造成20人死亡，大约50条有毒的洞蛇、成千上万只蚂蚁和蜈蚣入侵街道和房屋。5月8日，培雷火山喷发。大爆炸在3分钟内摧毁了"世界朗姆酒之都"，约3万人丧生。马提尼克耗费十余年时间才将这里重建。

对还是错?

宗教人士推动了朗姆酒的发展

对。 一些有修养、有远见、喜欢旅行的教士和僧侣推动了朗姆酒和安的列斯群岛的发展。

安东尼奥·巴斯克斯·德·埃斯皮诺萨
1570—1630

这位西班牙加尔默罗会僧侣与甘蔗种植没有直接联系。1608 年,他非法前往美洲,因为西班牙国王费利佩二世没有授权加尔默罗会在美洲传教。他在拉丁美洲游历了 14 年后返回西班牙,带回了大量有关美洲历史的资料,并撰写了一部启发性的著作。1929 年,美国历史学家查尔斯·厄普森·克拉克(Charles Upson Clark)在梵蒂冈图书馆发现了这部作品,后世才得以知晓这位僧侣。

让-巴蒂斯特·杜·泰尔特
1610—1687

在加入多明我会之前,这位加莱人过着四处冒险的生活:他曾多次跟随荷兰舰队横渡大西洋,后又在奥兰治公国的军队中服役。多明我会看重他的学识,将他派往安的列斯群岛。他向世人介绍了法国朗姆酒的制作过程,普及了塔菲亚酒。在著作《法国人居住的安的列斯群岛通史》(*Histoire générale des Antilles habitées par les François*)中,他详细描述了群岛上的工作和生活。

让-巴蒂斯特·拉巴
1663—1738

这位教士的名字没有被人遗忘,在瓜德罗普的玛丽-加朗特岛上,名为"普瓦松(Poisson)"的小酿酒厂如今依然生产着一种名叫"拉巴神甫朗姆酒(rhum du Père Labat)"的农业朗姆酒。让-巴蒂斯特·拉巴来自巴黎,22 岁成为神甫,在南锡教授哲学和数学。1693 年,他作为多明我会教士来到安的列斯群岛布道。他在安的列斯生活了 12 年,除领导教区外,他还积极发挥自己的各项才能:他建造房屋,探索岛屿,跟随植物学家夏尔·普鲁米耶(Charles Plumier)研究植物群落。他还加强了瓜德罗普的防御工事,在马提尼克的圣玛丽建立和发展圣雅克糖厂(Fonds Saint-Jacques)……但他也是奴隶制度的宣扬者。通过引进用于干邑的二次蒸馏技术,他提高了朗姆酒的质量并因此成名。

和你的思想

埃德蒙·勒费比尔和格拉蒂安·布尔若

两位神甫均隶属于圣约翰德第乌兄弟会修道院，第二位是第一位的接任者。1686 年，两人来到马提尼克[1]的圣皮埃尔，负责管理这里的医院。1714 年，他们购买土地，开始种植甘蔗。勒费比尔与布尔若先后发展了生产塔菲亚酒和朗姆酒的特鲁 - 瓦扬（Trou-Vaillant）制糖厂。1882 年，酒商保兰·朗贝尔（Paulin Lambert）在拍卖会上拍得该糖厂，并将其改名为圣詹姆斯。

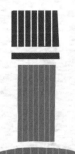

进阶阅读

传说拉巴神甫曾试图用一种名叫"吉尔蒂夫（Guil-dive）"的蔗糖酒治疗当时因流感引起的发烧。据神甫所说，塔菲亚酒就是"野人和黑人"嘴里的"吉尔蒂夫"。该叫法来自英语"Kill Devil"，即"杀死恶魔"，因用法语发音变成了"吉尔蒂夫"。

1. 原文写的是 Réunion（留尼汪），但是从资料上来看应该是马提尼克。这里应该是作者的笔误。——译注

对还是错?

只有甘蔗生长的地方能生产朗姆酒

错。虽然甘蔗汁难以保存，但是糖蜜可以远距离运输。因此酿酒厂不必建在甘蔗田附近。

为什么要进口糖蜜?

德国人说，嗯……什么都比不上这一小杯德国朗姆酒！

在德国蒸馏。

• **本国没有甘蔗。**

德国和奥地利都有酿酒厂，却没有甘蔗田，那里的气候不适合种植甘蔗。那么这些国家为什么还要自己生产朗姆酒，而不仅仅满足于进口呢？虽然根据欧盟法律，它们生产的烈酒并不都能贴上"朗姆酒"的标签，但是这些拥有上百年历史的当地烈酒已经有了一批忠实的顾客。

• **供不应求。**

为国际驰名品牌百加得生产朗姆酒的波多黎各便现了这种情况。解决方法：从 14 个国家进口糖蜜

• **遭遇意外事故**

留尼汪曾遭遇过这样的事件。2007 年，恶劣的气候导致留尼汪甘蔗歉收，无法保证岛上正常的朗姆酒生产。不能满足顾客就会带来失去顾客的风险。为了避免这场灾难，留尼汪只得从巴基斯坦进口糖蜜。虽然法律禁止用进口糖蜜生产"传统"朗姆酒，但它仍可以用于制作"清淡型"的香料朗姆酒。然而种植者依然蒙受了经济损失。

可以长时间保存

糖蜜是在生产粗红糖时甘蔗经过第一道工序后留下的残留物。糖蜜从糖厂加工出来时不含任何添加剂或防腐剂。即便如此，在凉爽（22℃以下）、干燥的环境下，糖蜜依然可以保存一年或更久。

注意！

甘蔗和甜菜制糖过程中得到的残留物都叫"糖蜜"。但是只有甘蔗糖蜜能生产朗姆酒，甜菜糖蜜绝对不行！两种糖蜜都能用于食品工业（如糖精）和制药（如溶剂）。巴西把它们用来生产生物燃料。

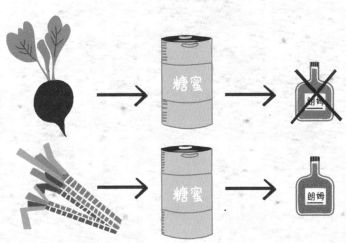

进阶阅读

1919 年 1 月 15 日，在波士顿港，美国工业酒精公司（United States Alcohol Company）的一个巨大糖罐内装着 800 多万升糖蜜，其中一部分将用于生产烈酒。然而它们没能等来运输它们的车辆。随着一声巨响，糖罐爆炸了。直到现在，爆炸原因依然是个谜。4 米高的糖蜜巨浪以近 60 千米每小时的速度席卷而来，卷走了所到之处的一切。这场"糖海啸"造成 21 人死亡，150 人受伤，数量不详的马和狗等动物也一同葬身糖海。街区的修缮工作持续了数千小时。美国工业酒精公司试图让人们相信这是无政府主义恐怖分子的暴行，但依然缴纳了巨额罚款。据说，在炎热的日子里，人们依然能够闻到从地表深处升腾而起的糖蜜气味。

对还是错?

法国也生产朗姆酒

对。 马提尼克和瓜德罗普大量种植甘蔗，生产朗姆酒，它们都是法国的领土。

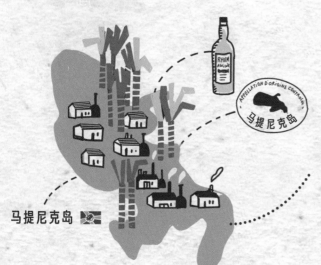

马提尼克岛

马提尼克岛

马提尼克肥沃的土壤和适宜的气候为种植者提供了保持高产的条件。用甘蔗汁蒸馏而成的"农民朗姆酒"，即后来的农业朗姆酒，便诞生于此。由于与糖厂距离远，马提尼克的一些种植者选择自行处理难以保存的甘蔗。农业朗姆酒如今是岛上最主要的产品。1996年，在从业者的坚持下，马提尼克的农业朗姆酒获得了原产地命名控制（AOC）的标识，这是法国海外省获得的第一个AOC。对知识技术的认可也意味着必须遵守严格的生产规范。在马提尼克的8家酿酒厂中，前7家生产的都是农业朗姆酒，只有第8家（加利恩工厂）用糖蜜酿造工业朗姆酒或所谓的传统朗姆酒。消费者的目光正重新转向占世界朗姆酒产量不到5%的农业朗姆酒，而马提尼克正是这一领域的翘楚。

瓜德罗普

玛丽－加朗特岛

该小岛属于瓜德罗普群岛，距主岛只有30千米。19世纪，岛上有上百家酿酒厂，如今只剩下3家。其中最古老的是普瓦松酿酒厂，它承载着人们对安的列斯群岛传教士拉巴神甫的回忆。普瓦松酿酒厂生产的"拉巴神甫朗姆酒"（约30万升）有一半在瓜德罗普岛、圣马丁岛和圣巴泰勒米岛销售，另一半则销往欧洲。比耶勒（Bielle）酿酒厂还拥有一家制糖厂。产量遥遥领先的贝尔维（Bellevue）酿酒厂属于酒商巴迪内（Bardinet），他在19世纪创造了著名品牌"纳格力特（Negrita）"，他同时是拉马提尼凯斯（La Martiniquaise）集团的合伙人。

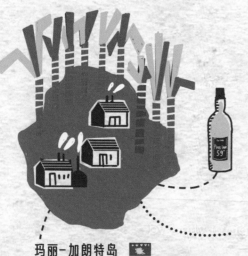

玛丽－加朗特岛

圣巴泰勒米岛

圣巴泰勒米岛

该岛更广为人知的名字是它的缩写"圣巴特（Saint-Barth）"。岛上气候干燥，不适合种植甘蔗。但秀美的风光、野性的魅力让它变成了一个豪华的旅游天堂。比如1957年，商人戴维·洛克菲勒（David Rockefeller）在这里建造了一座别墅。如今岛上依然不生产甘蔗，但会陈酿从邻岛引进的朗姆酒。前足球运动员米卡埃尔·西尔韦斯特（Mikael Silvestre）在岛上创立了精品朗姆酒品牌 R. St Barth。

圣马丁岛

这座又名"友谊岛（Friendly Island）"的小岛以吸纳、融合各种文化闻名。这与它特殊的行政区划不无关系：圣马丁岛被一分为二，北边属于法国，南边属于荷兰。在法属地区，年轻的朗姆岛（Rhum Island）酿酒厂为来自瓜德罗普和玛丽-加朗特的朗姆酒混酿、陈酿和装瓶。在其出产的众多朗姆酒品种中，有一种人们常在圣诞节饮用的卡姆嘉宝果朗姆酒（Guavaberry Rhum），即将卡姆嘉宝果浸泡在朗姆酒中制成。卡姆嘉宝果在圣马丁岛被称为"Guavaberry"，在瓜德罗普或马提尼克被称为"coco-carette"或"bois de basse batard"，在波多黎各则被称为"mirto"或"murta"。

圣马丁岛

法属地区

荷属地区

瓜德罗普

与马提尼克一样，朗姆酒也是瓜德罗普文化的重要组成部分，吸引了大批游客前来参观。瓜德罗普有6家酿酒厂，5家在巴斯特尔（Basse-Terre），1家在格朗德特尔（Grande-Terre）。格朗德特尔的气候较为干燥，不适合种植甘蔗。这些酿酒厂既生产农业朗姆酒（45%），也生产工业朗姆酒。瓜德罗普朗姆酒没有得到 AOC 标识，但获得了限制较少的"地区餐酒（IGP）"标识。这让生产者坚定地遵循他们古老的传统工艺。

法国朗姆酒全部来自安的列斯群岛

错。留尼汪在朗姆酒领域表现得也非常出色。波利尼西亚和新喀里多尼亚虽然不如
前两个地区，但也出产朗姆酒。

萨瓦纳
酿酒厂

里维埃
杜玛特
酿酒厂

天使的
份额
酿酒厂

留尼汪岛

富尔奈斯
火山

伊萨芙捷
酿酒厂

适应的艺术

留尼汪是欧洲最大的蔗糖生产地。但是在 18
世纪初，也就是在成为法国殖民地的一个
世纪后，它的主要经济来源是咖啡种植。19
世纪初，随着欧洲蔗糖短缺，留尼汪才开始
种植甘蔗。20 世纪 70 年代，甜菜的发展造
成了留尼汪经济危机。第一次世界大战唯一
的"好处"就是把法国的甜菜田都变成了战
场，使得法国只能重振蔗糖产业。蔗糖的蓬
勃发展促使留尼汪人用糖蜜制作"传统"朗
姆酒。20 世纪 20 年代，岛上约有 30 家酿
酒厂。在很长的一段时间内，留尼汪的朗
姆酒被人们评价为粗放、朴素的朗姆酒。21
世纪初，留尼汪酿酒人开始改进工艺。主
要的酿酒厂均属于留尼汪朗姆酒经济利益
集团（Rhums Réunion, Groupement D'intérét
Économique）。沙雷特品牌（Charrette）投入
市场后，留尼汪朗姆酒的名声越来越大。

18 世纪　　19 世纪　　1920　　21 世纪

新喀里多尼亚

红甘蔗之乡

热带经常出现岩石风化的情况，新喀里多尼亚南部的红土就是由岩石风化而成。那里的甘蔗也带上了这种颜色，因此被称为"红甘蔗"。20世纪初，新喀里多尼亚的种植者没能撑过蔗糖危机。而当甘蔗种植业再次兴起时，种植的目的已经从制糖转向了制作朗姆酒。

塔希提　玛娜奥

塔希提也产朗姆酒

甘蔗诞生于离波利尼西亚群岛不远的新几内亚岛。数千年前，第一批波利尼西亚人将甘蔗引入了群岛。塔希提甘蔗后来被出口到世界各地，取得了极大的成功。岛上的朗姆酒生产从未间断，直到20世纪70年代，这段美好而漫长的故事才告一段落。最近，随着岛上又开始种植原始品种，朗姆酒生产也逐渐恢复。塔希提生产的第一款农业朗姆酒名为"玛娜奥塔希提（Mana'o Tahiti）"。"玛娜奥"的意思是"记住"。

圭亚那

圣莫里斯

圭亚那不止有监狱

17世纪中叶，位于安的列斯群岛南部、南美次大陆最北端的圭亚那处于法国的绝对统治之下。于是，甘蔗在圭亚那种植了起来，劳动力起先是来自法国的"雇佣工"，后来是奴隶。圭亚那只有一家酿酒厂——位于马罗尼河畔圣洛朗（Saint-Laurent-du-Maroni）市镇的圣莫里斯（Saint-Maurice）朗姆酒厂，其产品主要供当地居民饮用。

进阶阅读

朗姆酒不是海外省的专利，在法国本土，人们也会对朗姆酒进行混酿、陈酿、调味、装瓶……甚至蒸馏。在好奇心的驱使下，业余爱好者将目光转向独特的产品。巴黎酿酒厂用一种名叫"加巴雷（Galabé）"的留尼汪特产高浓缩甘蔗汁制作农业朗姆酒。蒙托邦的鲍斯（Bows）酿酒厂用当地的神秘材料调配朗姆酒，制造奇特的口味。瓦朗斯的巴蒂斯特（Baptiste）主打有机产品。南特附近的塞德朗姆酒酒窖（les Rhums de Ced）则选择走亲民路线，不仅提供各种"调味"配方，还在一些朗姆酒中加入了热带水果。

对还是错？

所有朗姆酒厂都在加勒比地区

错。朗姆酒厂大多位于热带地区，但热带地区并非都在加勒比海。

在 1959 年革命之前，古巴的朗姆酒和它的烟草一样有名。之后朗姆酒的供应大不如前。成立于 1878 年的哈瓦那俱乐部（Havana Club）品牌在经过国有化后延续了此前的成功。

起源：加勒比海

朗姆酒在这里已经成了一种传统，到处都能见到朗姆酒厂，以下只列出了一些主要的岛屿。

牙买加

曾经海盗横行的牙买加不仅是雷鬼音乐的发源地，这里的朗姆酒也得到了重口味爱好者的青睐。

古巴

海地
频频造访的自然灾害没有带走这个国家的所有财富，比如美国人喜爱的海地朗姆酒。1862 年，法国人在这里成立了采用夏朗德二次蒸馏法的巴尔邦古（Barbancourt）酿酒厂。

格林纳达

格林纳达的主岛很小，但这并不妨碍三座大型酿酒厂拔地而起。其中，里弗·安托万（River Antoine）酿酒厂的历史可以追溯至 18 世纪，该酿酒厂如今仍然保持着手工酿造的传统。

墨西哥

从蔗糖到朗姆：拉丁美洲和中美洲

次大陆的朗姆酒以甜味著称。它们产量较低，值得人们离开（不远处的）加勒比地区去发现它们。拉丁美洲和中美洲的朗姆酒主要由当地人消费，也深受美国人的欢迎，但在欧洲不常见。

当人们开始在墨西哥生产清淡、宜人的农业朗姆酒时，以龙舌兰为原料蒸馏而成的梅斯卡尔酒（mezcal）和特基拉酒（tequila）已经让墨西哥闻名于世。

哥伦比亚 10% 的耕地都用来种植了甘蔗，蔗糖在全国经济中占据着举足轻重的位置。种植区自己生产的朗姆酒质量上乘。

秘鲁国土狭长，北部的气候适合种植甘蔗。朗姆酒的不断成功激励了酿酒厂的建设，这些酿酒厂虽然资历浅，却有着良好的国际声誉。

哥伦比亚

秘鲁

印度洋醉人的甜蜜

留尼汪不是印度洋上唯一生产朗姆酒的岛屿。各个岛屿上生机勃勃的香料把它们的香气散发到了甘蔗上。

马达加斯加

马达加斯加传播范围最广的朗姆酒产自一个小海岛——诺西贝岛。这种朗姆酒无法复制的味道来自岛上的"圣树"、香水界的宠儿依兰树。虽然朗姆酒是在首都塔那那利佛进行蒸馏，但带上了依兰香的甘蔗依然让马达加斯加人非常自豪。

毛里求斯

荷兰人在 17 世纪将甘蔗带到了毛里求斯。这里气候炎热、潮湿，非常适合甘蔗的生长。毛里求斯的手工朗姆酒从收割到陈酿都得到了细心的照料。

多米尼加共和国

多米尼加的朗姆酒与古巴朗姆酒一样优雅。但是要想提高国际地位，多米尼加朗姆酒还需要更多扶持。

波多黎各

20 世纪 30 年代以前，蔗糖出口一直在波多黎各占据首要地位，直到美国介入，发展这里的朗姆酒业。

巴巴多斯

巴巴多斯是朗姆酒的诞生地，朗姆酒是巴巴多斯的骄傲。在这里出产的朗姆酒中，最著名的当属马利宝（Malibu）朗姆酒，多少少男少女的第一次酒醉都是因为它。

委内瑞拉颁布法律（1938 年通过，1954 年修改），将真正意义上的朗姆酒，即陈酿两年以上的朗姆酒，与时下流行的甘蔗烈酒区别开来。该国是蔗糖的主要生产国，向其他国家出口糖蜜，尤其是糖蜜供应量赶不上朗姆酒生产需求的加勒比地区。

在这片森林茂密的土地上，人们从 17 世纪起就开始生产朗姆酒。这里的朗姆酒被统称为"德梅拉拉朗姆酒（Rhum du Demerara）"，德梅拉拉河是圭亚那的一条河流，该河流域是英国蔗糖的主要来源。

巴西同样生产蔗糖。许多糖厂的糖蜜都用来生产一种与朗姆酒相似的烈酒——卡沙夏（cachaça）。

内瑞拉

圭亚那

巴西

朗姆酒图解小百科

2 / 朗姆酒的世界环游之旅

对还是错?

美国是朗姆酒生产大国

对。虽然阿拉斯加、得克萨斯没办法生产朗姆酒,但美国的两座岛屿——波多黎各和维尔京群岛——让美国跻身朗姆酒产业龙头。

百加得

帝亚吉欧

↓

摩根船长

算得上"当地"吗?

小生产者绝对挤不进"美国制造"朗姆酒的第一梯队。统治维尔京群岛的是世界第一大酒业集团帝亚吉欧(Diageo),各大超市的货架都被其以摩根船长(Captain Morgan)为首的产品占领。统治波多黎各的则是另一大酒业龙头百加得。两家企业都得到了美国财政部的丰厚补贴,因而能够稳稳盘踞美国朗姆酒市场(占全球消费量的40%)。这并不意味着两家公司会为维尔京群岛和波多黎各创造经济利益:它们无需在当地种植甘蔗,而可以从世界各地进口糖蜜,以此降低生产成本。

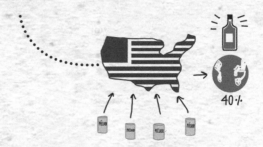

家族企业

19世纪中叶,葡萄酒商人法昆多·百加得(Facundo Bacardi)离开西班牙,来到当时西班牙的殖民地古巴定居。他尝试了很多方法,最终用甘蔗烈酒做出了一种精致的白朗姆酒,立刻大受欢迎。19世纪末,在古巴的动荡时期,法昆多的儿子埃米利奥·百加得(Emilio Bacardi)选择了独立派的阵营,遭到流放。回国后,他当上了圣地亚哥市市长。美国的禁酒令(1920—1933)让美国人更加向往古巴。1960年,菲德尔·卡斯特罗政府没收了百加得的财产并将其驱逐出境。早在20世纪30年代,百加得就已经在波多黎各拥有了一家酿酒厂,后在这里将自己的品牌发扬光大。1992年,百加得成为百加得-马天尼集团。

朗姆，还是……？

印度是朗姆酒最受欢迎的国家之一。对于流行的外国烈酒，印度不进口，而是仿制。无论是用来做威士忌、伏特加还是朗姆酒的中性酒，它们的原料大多都是糖蜜。印度种植甘蔗已经有数千年的历史，英国殖民者为了获得蔗糖，进一步发展了印度的甘蔗种植业。19世纪末，英国人将蒸馏塔引入印度，开启了印度的朗姆酒生产行业。此后，印度朗姆酒的质量不断提高，主要供本国人饮用。鉴于印度的人口密度，朗姆酒的产量不容小觑。

印度

老和尚朗姆酒

阿穆特威士忌

日本制造

日本的威士忌享誉世界，日本的朗姆酒也在追随威士忌的脚步。冲绳县的宫古群岛拥有适合种植甘蔗的气候条件。日本的朗姆酒承袭了日本制造一贯具有的精致、独到、让人上瘾的特点，或许能在未来开辟出属于它的天地。

宫古群岛

九叶

龙马
日本朗姆酒

进阶阅读

巴西

就数量而言，巴西的甘蔗产量排名世界第一。生产甘蔗最主要的目的当然是生产糖这种全球人民都需要食用甚至过量食用的物质。虽然当地的烈酒大多都以糖的残留物作为原料，但是否生产朗姆酒依然取决于当地人的选择。在甘蔗种植以及蔗糖出口方面，巴西遥遥领先，之后是印度、中国、泰国、巴基斯坦和墨西哥。

对还是错?

加拿大是最大的朗姆酒消费国之一

对。阳光的味道似乎对寒冷国度的人民有着格外的吸引力。在加拿大人喝的所有酒精饮品中，朗姆酒占比最高。

喜爱朗姆酒排行榜

在以下 10 个国家，朗姆酒占烈酒消费总量的比重较高……

1 **加拿大** ——占酒精饮品总销量的 20%。

2 **西班牙** ——朗姆酒比例高达 18%。

3 **美国** —— 烈酒销量占全球总销量的 40%，但朗姆酒只占烈酒总量的 12%。

4 **丹麦** —— 国家虽小，酒喝得不少，11% 的酒精爱好者选择了朗姆酒。

5 6 7 **德国、荷兰、英国** ——朗姆酒占比差不多都是 9%，这些国家同样常年难见阳光。

8 **法国** —— 法国人更喜欢喝威士忌，朗姆酒中更推崇农业朗姆酒。

9 **比利时** —— 与法国一样。啤酒是永远的神。

10 **意大利** —— 与前几个国家差距不大，朗姆酒占 7%。

全球每秒饮用朗姆酒的升数。

第**3**名

朗姆酒在全球烈酒消费量中的排名。

536000 吨

全球每年饮用朗姆酒的吨数。

法国的朗姆酒信徒

男女数量相当。

比威士忌爱好者的平均年龄更低：威士忌爱好者的年龄大多超过 50 岁，而 38％ 的朗姆酒爱好者都在 35 岁以下。

主要将其调配成鸡尾酒饮用，尤其是小潘趣酒（ti-punch）。

认为朗姆酒是一件不错的礼物。

46％ 的爱好者喜欢收集朗姆酒瓶。

朗姆酒的益处

人们常说：适量饮用朗姆酒有利于身体健康。酒精能够抑制神经活动，但这是否总是有益呢？只需小酌一杯就能加快入睡，暂时忘记生活的烦恼。它安神、缓解焦虑的效果能减少早发性痴呆的患病风险。朗姆酒有一定的麻醉效果，对小伤小痛很有效，不妨一试。

进阶阅读

亚洲正超越美洲，成为烈酒销量最大的大洲。近年来，这一趋势尤其明显。不少亚洲人过去对酒的质量并不苛求，如今却开始转向优质烈酒。伏特加的主导地位依然无法撼动，但是销量增加了 10％ 的朗姆酒正威胁着另一个风光了几十年的销售之星——英国的白兰地。

朗姆酒图解小百科

2/ 朗姆酒的世界环游之旅

对还是错?

农业朗姆酒的销量停滞不前

错。农业朗姆酒如今依然只占全球朗姆酒总产量的2%，糖蜜仍然是朗姆酒最常见的原料。然而，农业朗姆酒的人气与日俱增，每年销量都会增加5%左右。

为什么产量如此之少?

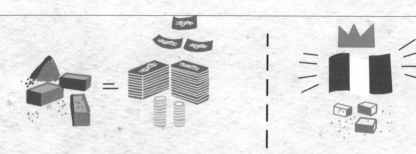

农业朗姆酒直接用甘蔗汁酿造，也就切断了产糖的可能性。蔗糖带来的丰厚利润朗姆酒永远无法企及，尽管朗姆酒也很受欢迎。此外，农业朗姆酒强调风土，因此在品种选择、种植和收割方面都需要投入很多精力。

马提尼克的朗姆酒数据

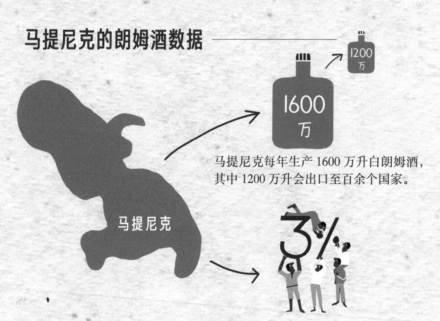

马提尼克

马提尼克每年生产1600万升白朗姆酒，其中1200万升会出口至百余个国家。

在全岛13万的就业人口中，3%的人从事与朗姆酒直接或间接相关的职业。

马提尼克有200个甘蔗和朗姆酒生产者。

马提尼克的酿酒厂每年平均接待60万参观者。

反向的旅途

甘蔗诞生于新几内亚岛。在后来传播的几个世纪中，它穿越大洋洲、印度和波斯，到达欧洲，再通过殖民者来到美洲。所到之处，糖厂遍地。如今，因为朗姆酒，甘蔗踏上了反向的旅途。随着烈酒越来越流行，许多国家意识到它们可以自行生产烈酒的原材料，无需从加勒比地区进口。生机勃勃的甘蔗田如今成了旅行指南上的一站。

新几内亚岛

名称问题

工业朗姆酒：用蔗糖的副产品糖蜜生产的朗姆酒。不应与"糖厂朗姆酒"混淆，后者要求制糖厂-酿酒厂使用由自己生产的糖蜜，从而确保新鲜。工业朗姆酒酿酒厂无论从多远的糖厂进口糖蜜都可以。

传统朗姆酒：可由甘蔗汁（农业朗姆酒）或糖蜜酿造，只要采用传统的蒸馏方式，即使用单柱式蒸馏器。传统朗姆酒蒸馏后酒精度数可超过 90%，因此也被称为"浓烈型"朗姆酒。

进阶阅读

为什么糖蜜朗姆酒如此受欢迎？不应该理所当然地认为它"更陈"：80% 的糖蜜朗姆酒在装瓶前都没有经过陈酿；也不是因为它的价格更实惠：如果说大多数低价朗姆酒是由糖蜜制成，优质糖蜜朗姆酒的价格则与农业朗姆酒相当，而且价格会因产地、稀有程度、特色的不同而变化。柔和、较不独特的朗姆酒更适合调制鸡尾酒。人们很少喝纯朗姆酒，只有优质的陈年朗姆酒（不是着色的假陈年酒）会作为餐后酒供人品尝。过去在穷人中大受欢迎的朗姆酒如今变成了一种象征欢乐的节日饮品，适合被做成色彩缤纷的鸡尾酒，与朋友一起享用。

朗姆酒
图解小百科
3/
酊饮
朗姆酒

对还是错?

陈酿时间一定要写在朗姆酒的酒标上

错。 关于朗姆酒酒标的写法，全世界没有统一的立法。结果：消费者只能在迷雾中徘徊。

酒标上必须注明的要素 ——

欧洲还是对投放市场的朗姆酒做出了一些并不过分严苛的要求。

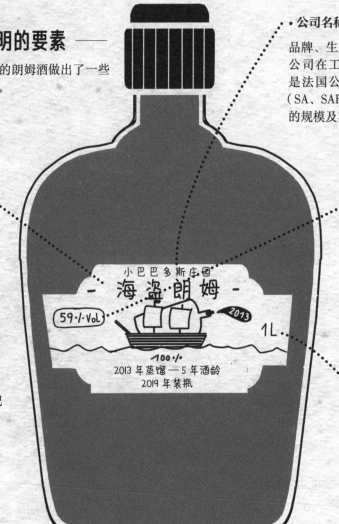

• 公司名称

品牌、生产者或经销商的官方名称，即公司在工商注册时填写的名称。如果是法国公司，名称前会带有公司性质（SA、SARL[1] 等）。可以从中推测出公司的规模及其所售朗姆酒的类型。

• 朗姆酒的名称

大多数情况下，朗姆酒的名称只是一个简单的名字，不代表产地，也不代表酿酒厂。除非酿酒厂非常有名，值得被写出来，但朗姆酒也可能已经不在那里生产。因此朗姆酒的名称不包含任何实质信息。

• 品牌或生产者的名称

消费者通过这个名称来识别、记忆朗姆酒。

• 度数

即酒精浓度，用酒精体积百分数来表示，至少应达37.5%。

• 容量

法国的标准是 70 厘升[2]。但是白朗姆酒的容量通常为 1升。在饮酒狂欢的派对上，还能看见用塑料方桶盛装的4.5 升朗姆酒。

小巴巴多斯庄园
海盗·朗姆
59%·Vol
2013
1L
100%
2013 年蒸馏—5 年酒龄
2019 年装瓶

1. SA（Société anonyme）指股份责任有限公司，SARL（Société ò responsabilité limitée）指有限责任公司。
2. cl，1 厘升 =10 毫升。

6 年

年份酒，少来！

要想在标签上标注"年份酒"，朗姆酒的酒龄必须超过 6 年。但是酒商可以在数字上做文章。酒标上标注的年份通常是收割、蒸馏或装桶的时间。生产者无需标注装瓶年份，即朗姆酒停止陈酿的时间，尽管这才是决定朗姆酒酒龄的指标。

您老贵庚来着？

欧盟法律规定，混装酒的酒标上标注的年份必须是最年轻的烈酒的年份。绝不可以标注最陈酒的年份！但是欧盟以外的地区无需遵守这一规定，一些产自其他大洲、没有正确标注年份的朗姆酒也成功地进入了欧洲市场。朗姆酒的"酒龄"应该用什么定义？答案是陈酿时间。如果朗姆酒没有在木桶里陈酿，没有经过木桶培养香气的过程，酒龄也就无从说起。如果采用索雷拉陈酿系统（常见于西班牙的酒窖），朗姆酒的酒龄便更加模糊。空桶的情况永远不会发生，新酒会源源不断地填补进去，因此很难断定木桶中酒液的年份。酒标上的年份指的是索雷拉系统的开始时间吗？这样的话，又有多少朗姆酒能够经历开始阶段呢？

> 嗯……要我说……5 年吧。

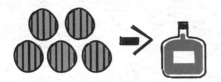

多少桶？

"小批量（small batch）"指该瓶酒只用较少木桶的朗姆酒混装而成。到底有多少呢？法律没有给出明确的规定。小酒厂和大集团对"少"的定义可不一样。又是一个模糊的标识。

进阶阅读

朗姆酒是一种甜味酒精饮品吗？如果没有添加焦糖、糖浆或果汁的话，朗姆酒没有甜味。虽然朗姆酒的确是用甘蔗汁或糖蜜酿造，但是发酵过程会分解蔗糖。蒸馏后的朗姆酒完全不含糖分。真是一个让人减少罪恶感的好消息。

对还是错?

朗姆酒
图解小百科
3/酌饮
/朗姆酒

品尝朗姆酒需要一个大杯子

错。 与其他酒一样，品尝朗姆酒也需要一个有助于充分品味香气的酒杯。这种酒杯有一个美丽的名字——"郁金香杯"。

无柄平底玻璃杯

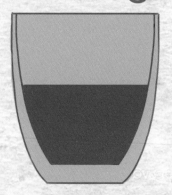

有色玻璃杯

子弹杯

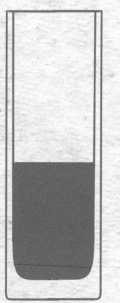

科林斯杯

避开这些杯子

选择酒杯时，最重要的是能够给予香气充分的自由，让它们充盈鼻腔和味蕾，尽可能少地浪费在空气中。下面的这些杯子可帮不上忙。

·太大：无柄平底玻璃杯（tumbler）

在法国，人们会把这种无脚、短身、紧实的杯子称为"威士忌杯"。错！无论是威士忌还是朗姆酒，都不应该用这种杯子品尝。它开口太大，香气容易分散。此外，举起这种杯子时，整个手心都会与之接触，手心的温度会加热酒液，这也是不可取的。

·太高：科林斯杯（collins）

和前一种杯子一样，科林斯杯也需要攥在手心里，因此会提高酒液的温度。更令人遗憾的是，由于科林斯杯的杯身太高，易挥发的香气在进入鼻腔前就消失殆尽了。

·太小：子弹杯（shot）

时下流行的子弹杯适合"一口闷"或用来喝两三口下肚的酒。品朗姆酒可不能这样。如果用这种简单的敞口小杯品酒，香气会在我们闻嗅、品味和评价的过程中逃逸。

·太隐蔽：有色玻璃杯

视觉特点经常被品酒人遗忘，这正是有色玻璃杯会遮蔽的。朗姆酒的色泽、颜色，这些能帮助我们判断酒龄的特征会一并被有色玻璃掩盖。酒杯还是不带有扰乱视线的装饰为好。

薄就对了

玻璃杯越薄越容易碎，这是肯定的。更不用说酒杯最好手洗。但是喜欢品酒就要接受限制。让普通玻璃杯永远呆在厨房的柜子里吧！当薄壁玻璃杯贴近嘴边时，我们会忘记它的存在，香气会成为主角。虽然如今昂贵的水晶杯已不再是品酒的必需，但依然是一件送礼佳品，为什么不买一件犒劳自己呢？

完美的郁金香杯

无论品尝哪种佳酿，最理想的杯子都是"郁金香杯"，更专业的名称是标准品酒杯（ISO 杯或 INAO 杯）。葡萄酒品酒师在 20 世纪 70 年代确定了这种杯子的尺寸。虽然郁金香杯在市面上并不罕见，但由于它的挑选标准非常精确，最好带着卷尺去商店购买。它的杯口比杯肚略窄一些，这种设计既有利于香气的舒展，也能帮助香气向上流动，直至鼻腔。闻是品酒的第二步，第一步是用眼睛观察酒的色泽，因此必须使用干净、透明的郁金香杯。酒杯上尤其不得沾染任何分散我们注意力的气味。对于葡萄酒来说，每杯以 50 毫升酒液为宜。50 毫升对于朗姆酒来说多了一些，但是不用全部喝完，更不用倒第二杯。

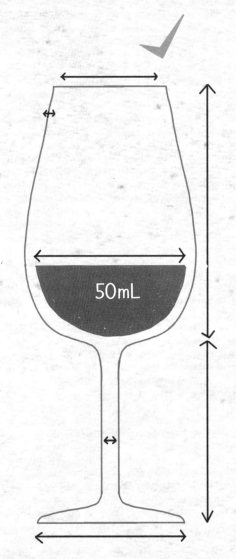

50mL

进阶阅读

为了更好地品尝威士忌，专家会建议在威士忌中加几滴水。但是朗姆酒绝对不能兑水。水对酒液没有好处，只会让它变"浑"。

对还是错?

鸡尾酒杯可以冰镇

对。 冰镇不是必须的,但它可以增强解渴的快感。许多形状的酒杯都能冰镇,可根据想加入的酒液和想营造的氛围决定是否冰镇。

各有所长

无柄平底玻璃杯有利于混合

足够大的杯身能够让搅拌棒或吸管轻而易举地搅拌酒液,让糖充分溶化,让烈酒与果汁更好地混合,让冰块加速液化。

优雅的马天尼杯

杯脚细而长,杯口大而宽,精致的马天尼杯适合加上各种各样的装饰,比如在杯口抹一圈白糖,再插上一片柠檬或一小块凤梨……这是盛装短饮鸡尾酒的理想杯型。想在情侣约会上制造高级感?马天尼杯再适合不过。

科林斯杯适合长饮鸡尾酒

想用吸管慢慢品尝一杯自由古巴(Cuba Libre)、拓荒者宾治(Planteur)、椰林飘香(Piña Colada)?科林斯杯的长杯身允许顾客慢慢啜饮鸡尾酒,无需担心香气逃逸。

保温的铜马克杯

铜马克杯的金属材质能够长时间保留鸡尾酒的清凉口感,适合骄阳似火的天气。冬天当然应该来一杯滚烫的格罗格酒(grog)。铜马克杯的保暖效果同样出色。

咔 啦！

多冰，谢谢！

烈酒爱好者对冰块嗤之以鼻。冰块的确会改变烈酒的香气，不利于品酒。但是鸡尾酒完全不同。冰块甚至是某些鸡尾酒的组成部分，听不见冰块在杯子里叮当作响，我们反倒会觉得奇怪。此外，冰块还能延长鸡尾酒的饮用时间，可以算是它的另一项优势。

原始喝法

朗姆酒最初是一种平民饮品，深受奴隶、底层白人和水手的欢迎。直到 18 世纪，玻璃瓶才逐渐推广。在此之前，欧洲的穷人不能对着瓶嘴喝酒，也不能用玻璃杯（或水晶杯）品尝。19 世纪以前，只有富人的餐桌上才会出现玻璃杯。穷人只能对着酒桶，用金属马克杯接满他们最喜欢的饮品。当朗姆酒逐渐被资产阶级接受时，酒壶在酒桶和酒杯之间发挥中间作用。

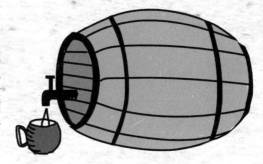

进阶阅读

朗姆酒的一大优点是，人们能在任何情况下、在一天中的任何时间饮用它，或许除了早餐时间。热爱朗姆酒的品鉴家可以聚在一起，细细品味陈年朗姆酒。至于白朗姆酒，无论农业还是工业，都能调出美妙的鸡尾酒，给工作结束后的人们带来活力，在朋友聚会上大放异彩。朗姆酒很容易下肚，但要注意的是，无论用哪种饮品稀释，无论稀释到哪种程度，酒精的含量和酒精对人体造成的危害都不会减少。

对还是错?

朗姆酒应放在冰箱里保存

错。 与伏特加不同，朗姆酒不用冰镇后再饮用。与绝大多数酒一样，朗姆酒在常温下保存即可。

保存朗姆有门道

· 未开瓶

与葡萄酒不同，当烈酒装瓶后，它便不再继续陈化。如果瓶塞是密封的，朗姆酒可以无期限地保存下去。为了确保瓶口的密封性，我们可以在瓶塞周围包一圈玻璃纸。无论瓶塞是哪种材质（软木、金属、塑料……），只要瓶塞与酒液接触，就有可能让酒液沾染上瓶塞的味道而变质。因此，保存朗姆酒时，应让酒瓶保持直立，不能让它平躺。

存放朗姆酒的地点应干燥、避光并尽量恒温。朗姆酒可以在凉爽或略高的室温下保存（10℃至30℃），但应避免保存条件的突变。如果朗姆酒在套子或展示盒内出售，购买后也不应将酒瓶取出，应维持避光和防晒的环境。

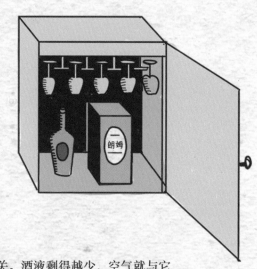

· 已开瓶

开瓶后的朗姆酒依然能够存放很多年，但也与剩余酒液的多少有关。酒液剩得越少，空气就与它接触得越多，氧化的风险也就越高。如果这瓶酒已经喝完了四分之三，而且你不打算在接下来的几周内把剩下的四分之一喝完，那么不妨把剩余的酒液转移到一个更小的密封瓶中。还可以在酒瓶里放一些小玻璃珠，让液面升高而不影响剩余酒液的质量。储存条件与未开瓶的朗姆酒相同：瓶身直立，环境干燥，避免光照和温度变化。

蜡烛的妙用 ————————————————————————

木塞或金属瓶盖坏了？别担心，只需要一小段蜡烛，我们就可以自己做一个瓶塞，让开瓶后的朗姆酒重回密封状态。

1 挑选一根直径尽可能接近瓶口直径的蜡烛。

2 切下长约 3 厘米的一小段。

3 在不让蜡烛熔化的情况下，加热蜡烛，使其软化。确保蜡烛四周平整。

4 用一张纸巾包裹变软的蜡烛。

5 趁热将新瓶塞塞入瓶口，光滑面朝外，扎口面朝内。

6 蜡烛冷却凝固后能将瓶口的空隙塞满，且不再移动。由于瓶子保持直立，不必担心蜡烛的味道会污染酒液。

进阶阅读

随着朗姆酒的流行，它的价格也越来越高。虽然我们仍然能以实惠的价格买到一瓶普通但优质的农业朗姆酒，但如果朗姆酒来自一个产量较少的国家，而酿酒厂采用的又是"祖传"方法，它的价格就会升高。尤其是陈年朗姆酒，它们丰富且微妙的香气让美食家垂涎。一款年代久远的老酒价格自然不菲。一瓶 20 世纪 40 年代生产的牙买加杰瑞叔侄（Wray & Nephew）朗姆酒价格可高达 28 000 欧元。在收藏行业的推动下，一个珍贵的瓶子也可以让朗姆酒的价格飙升。一瓶马提尼克的克莱蒙（Clément）朗姆酒便是盛装在配有黄金和钻石瓶塞的巴卡拉（Baccarat）水晶瓶中，一位买家以 100 000 欧元的价格买下了它。

朗姆酒越陈颜色越浅

错。恰恰相反，陈年朗姆酒呈琥珀色，而且随着时间的推移，颜色会越来越深，这是深受消费者喜爱的特点。白朗姆酒装瓶后则一直保持半透明状态。

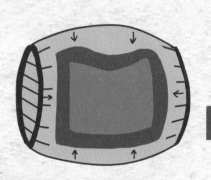

为什么朗姆酒的颜色会变深?

陈年朗姆酒在"木桶中培养"时会受到木头的影响，影响程度由木桶的大小决定。木头与朗姆酒在小桶（200升至500升）中接触得更多，在大桶（可至万升）中接触较少。颜色也是如此，朗姆酒在小桶中陈年时间越久，颜色越深。

什么木头？

最常用的是陈酿过波本威士忌的旧白橡木桶，因为这是市面上最多的木桶。全新的橡木桶较为少见（为了加强橡木对酒液的影响，通常会先用火灼烧新桶的内部），也有一些人会用陈酿过干邑或雪莉酒的橡木桶，这些木桶会散发出更加惊人的气味。

呀!

啊!

这是作弊！

断定"琥珀色＝陈年"，"陈年＝好"，然后理所应当地得出"琥珀色＝好"的结论是错误的。一些黑心酒厂知道消费者喜欢温暖的黄褐色，于是，为了加深朗姆酒的颜色，他们就在酒里加木屑，甚至加色素。通过酒液的颜色来推断陈年的时间是不可取的。在装瓶前添加焦糖来使朗姆酒变柔和的做法或许会取悦一部分消费者，但这也让"琥珀色＝陈年"的论断变得站不住脚。因此，"琥珀色＝好"也不是一定的。"陈年＝好"则因人而异。

应该重新审视的想法

• 农业朗姆酒永远是半透明的吗？

在酒桶中稍加静置便取出装瓶的农业朗姆酒是半透明的。但在橡木桶中陈酿一年或一年以上的农业朗姆酒会变成琥珀色。

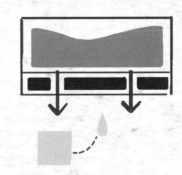

• 陈年朗姆酒都是棕色的吗？

朗姆酒在经过陈酿以及一些朗姆酒在经过混酿后，不会立刻装瓶，而要先把酒中的炭过滤掉。这样一来，酒液就会变回透明状态，颜色会变浅，木头传递给酒液的香气也会减少。

• 香料朗姆酒（spiced rum）是人工着色吗？

早期朗姆酒的制作方式较为粗放，味道并不讨喜。在一些朗姆酒产地，人们有往酒中添加香料的习惯。香料朗姆酒是节庆时人们会喝的一种饮品。浸渍在酒中的植物或根茎会把自己的颜色带给酒液，这是一种自然现象。黑朗姆则是依靠糖蜜或焦糖来着色。

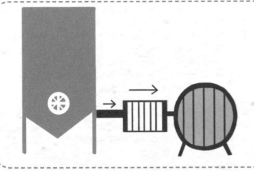

进阶阅读

过滤是为了美观。朗姆酒即使不加过滤直接装瓶，不把"杂质"去除，也不会造成任何健康问题。但是浑浊的朗姆酒会劝退一部分消费者。如果你花重金购买了一瓶未经过滤的朗姆酒，请务必与没有这方面顾忌的朗姆酒爱好者一同品尝，确保他们不会在意不完美的透明度和浑浊的酒体。

朗姆酒
图解小百科

3/酌饮
朗姆酒

对还是错?

卡沙夏是一种朗姆酒

错。 卡沙夏是巴西的特产,与朗姆酒有很多相似之处,但它不是朗姆酒。卡沙夏刚走出国门不久,巴西很注重捍卫它的名称。

卡沙夏

16 世纪开始流行。

由当地小酒厂以手工方式生产。

只用**新鲜甘蔗汁**酿造。

蒸馏至 **40 度**后直接装瓶。

用**当地木材**制成的木桶陈酿。

最高度数为 **40 度**。

朗姆酒

17 世纪开始流行。

由**或小或大**的酿酒厂生产。

用甘蔗汁或**糖蜜**酿造。

蒸馏至 **65 度**至 **75 度**后再加矿泉水,直至达到理想的度数。

大部分在**橡木桶**内陈酿。

度数在 **37.5 度**至 **60 度**之间。

相同点

原料都是甘蔗。

可以直接装瓶(白朗姆和白卡沙夏)或在木桶中陈酿后再装瓶。

巴西

国家监督

巴西法律规定卡沙夏只能在巴西生产。1504 年,巴西开始发展甘蔗种植园。1516 年,巴西的第一家甘蔗磨坊成立。16 世纪初,第一批卡沙夏诞生。悠久的历史解释了为什么在 20 世纪初,当巴西开始寻求国家身份时,卡沙夏会被视为国酒。十几年前,卡沙夏的出口量还只有 1%,主要出口至德国。但是在只能用卡沙夏调配的卡琵莉亚(Caïpirinha)鸡尾酒的推动下,卡沙夏在国际烈酒市场上的地位逐渐提高。

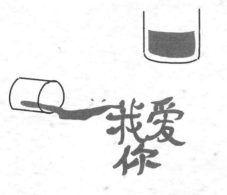

爱的语言

卡沙夏大概有不下两千种叫法！在巴西全国，卡沙夏又被称为"aguardente de cana（甘蔗烈酒）"或"pingá（烧酒）"。在某些地方它还被称为"abre-coração""água-benta""bafo-de-tigre""limpa-olho""branquinha""caninha""brita""óleo"等等。各种各样的昵称体现出巴西人民对国酒的喜爱。

用来做木桶的当地木材

* 巴西豆木（amburana）：树高可达 35 米，豆子可用于治疗呼吸系统疾病。

* 巴西玉蕊木（jequitibá）：巴西东南部具有代表性的高大树木。巴西玉蕊木的生长周期非常长，数量在不断减少。

* 重蚁木（lapacho）：印加人的圣树，常用来制作草药，以狭长的粉红色花朵为特色。

* 高贵绿心樟（canela-sassafrás）：可生产黄樟精油，集多种用途于一身，濒临灭绝。

国际明星：卡琵莉亚?

一个简单的乡下配方造就了一款全球饮用量排名第三的鸡尾酒！直接在平底杯内制作即可。

卡琵莉亚！

咔嚓

1 切掉青柠的首尾两端，再将剩余部分切成 8 至 10 个小块。

2 将青柠放入杯中，加入适量糖。

3 用力捣青柠块，榨出汁水，将糖溶化。

4 倒入碎冰屑，覆盖青柠。

5 倒入卡沙夏。制作完毕，赶紧品尝吧！

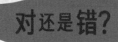

对还是错？

朗姆酒
图解小百科
3／酌饮
朗姆酒

不同国家有不同的朗姆酒传统

对。准确地说，是甘蔗种植地的不同殖民国有不同的传统，并流传至今。

英国朗姆酒（rum）的传统

- 产地有圭亚那、牙买加、特立尼达和多巴哥、圣卢西亚、安提瓜岛、巴巴多斯和维京群岛。

- 原料为糖蜜。

- 特点：大多数在木桶中陈酿，丰富、芳香、浓烈、辛辣。

- 虽然英国人起初对朗姆酒的评价不高，认为它是平民和水手的饮品，但他们依然是最早将朗姆酒带回本土的殖民者。如今，朗姆酒占英国烈酒市场总份额的10%，其中50%是白朗姆酒，20%是添加香料的朗姆酒。

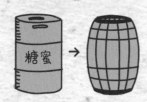

西班牙朗姆酒（ron）的传统

- 产地有巴西、多米尼加共和国、特立尼达和多巴哥、巴拿马。

- 原料大多为糖蜜。

- 特点：大多采用快速发酵、多柱蒸馏、不在木桶中陈酿。

- 普遍采用索雷拉混酿系统。大多以白朗姆的形式直接装瓶，酒体轻盈，容易下肚。几乎只有当地人饮用，但它们适合节庆场合的特点吸引着世界各地的消费者。

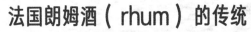

法国朗姆酒（rhum）的传统

• 产地有法属安的列斯群岛（马提尼克、瓜德罗普、玛丽-加朗特）、法属圭亚那、留尼汪、毛里求斯、马达加斯加。

• 原料为甘蔗汁或糖蜜。

• 特点：以甘蔗和产地风土的香气为特点，比其他地方的朗姆酒更干。

• 法国虽然不只生产农业朗姆酒，但以农业朗姆酒闻名。生产者必须遵守严苛的法律法规，比如只能使用当地的原材料，以确保产品的品质。绝对不可以往里面乱加东西！法国朗姆酒也有与葡萄酒类似的命名控制。

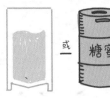

用什么做什么

直接喝

也就是人们常说的品酒。法国农业朗姆酒是一个不错的选择，无论新酒老酒，生产者都不会作假。喜欢品酒的人大多偏爱陈年朗姆酒。每个产区都有自己最宝贵的朗姆酒。如果不知道如何挑选，不妨向当地酒窖主咨询，告诉他你的口味：是喜欢甜一些的，还是要浓烈的或辛香的……

做成小潘趣

小潘趣来自法属安的列斯群岛，用法国农业朗姆酒来做一杯吧。

做成鸡尾酒

西班牙朗姆酒的口感柔和轻盈，适合作为鸡尾酒的基酒，如莫吉托。没有什么比鸡尾酒更适合派对的了。

进阶阅读

威士忌是法国人最爱的烈酒，占总饮用量的40%。朗姆酒排在失宠的茴香酒之前，如今只有很少的地区还保持着喝茴香酒的传统。法国人是沙文主义者吗？诚然，他们对法国朗姆酒的青睐明显高于对其他朗姆酒的喜爱程度。但是民族主义不是唯一的原因：在法国，本土朗姆酒要交的税相对更低，性价比因此更高。

对还是错？

朗姆酒有一套自己的语言

对。 品尝朗姆酒既要动嘴巴，也要动鼻子，难免需要用到一些术语。它的风味轮由以下几类风味构成。

木香

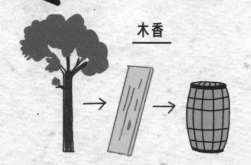

木香让人想起森林的气味：木头（木桶的味道）、单宁、菌菇……以及异域草本、"森林"香料，比如香草、烟草、坚果、皮革……带有木香的朗姆酒口感稳固，适合品尝。

烤面包味

鼻子刚一凑近，酒香便会让人想起刚刚烤好的吐司，柔和中带着一点刺激，引诱你去品尝。杏仁糖、焦糖、甘草等炙烤味也属于这一类风味。这种令人餍足的肉感常见于西班牙传统朗姆酒中。

辛香

朗姆酒不需要浸渍过多香料，就足以踏上丝绸之路。这一风味包括肉桂、胡椒、辣椒等。英国朗姆酒一直以这种鲜明的气味为特点。

植物香

这是法国朗姆酒常带有的味道。法国朗姆酒注重突出植物本身的气味，酒中带有明显、纯粹、强烈的甘蔗味。除此以外，一些标志产地风土的气味，如草、树叶、当地植物的味道也能从酒中品尝出来。

花香

同样是一种清新、自然的气味，同时还掺杂着些许精致。在花香中还能品味到蜂蜜或蜂蜡的柔和。西班牙朗姆酒常带有这种魅惑的香气。

果香

带有果香的朗姆酒会让人想起颜色各异的水果，无论是柑橘还是那些刚从树上采下的鲜嫩多汁的异域水果。这种能够使人振奋的气味是法国朗姆酒的特点。

个人品鉴表

从笔记本上撕下一张纸，记录品鉴时的感受吧。

今天，.............................（日期），我品尝了

朗姆酒的名称：.............................

产地：.............................

品牌：.............................

酒龄：.............................

颜色（勾选）：

□ □ □ □ □ □ □ □ □ □ □ □ □ □ □

气味（勾选）：

柔和□　强烈□　灼热□　刺激□　甘美□

酒体（勾选）：

轻盈□　中等□　坚实□　厚重□

风味（从 1 至 5 打分）：

木香：.....　　烤面包味：.....　辛香：.....
植物香：.....　花香：.....　　果香：.....

我会把这种朗姆酒用来（勾选）：

品尝□　鸡尾酒□　烹饪□

我的评价：.............................

进阶阅读

当我们品尝一种饮品时，我们会识别出其中的味道。如何给这些味道命名呢？如果每个人都有一套自己的语言，交流也就无从谈起！这就是为什么统一的术语会建立起来。最初建立自己语言的是葡萄酒，它的风味轮非常丰富、细致、准确。后来，这个实用的系统推广到了所有可以品鉴的食品上：如朗姆酒和威士忌等烈酒、茶、咖啡、巧克力、奶酪等等，这些产品的味道都会因产地不同而发生微妙的变化。为什么是风味轮？因为与风味表相比，风味轮更加直观，更便于人们查阅、对比信息。

"调味朗姆酒" 也叫 "潘趣酒"

错。潘趣酒是在朗姆酒中放入水果块、水果汁或茶制成,有时还会加糖。但制作调味朗姆酒必须把水果、草本或果皮浸渍在酒中。

——— 制作自己的调味朗姆酒 ———

自制调味朗姆酒可以让快乐翻倍。在制作过程中,我们可以尝试各种各样的配方,让朋友们眼前一亮。

•用什么器具?

浸渍需要一个大罐子。如果有可能的话,最好选用下方带龙头的罐子,方便随时取用。如果制作量不大,可以使用装果汁的广口玻璃瓶。还需要准备一个用来搅拌的大木勺、用来盛杯的长柄勺和筛子。如果想长时间保存做好的调味朗姆酒,则还会用到漏斗和若干个小瓶。

•用什么朗姆?

成功的调味朗姆酒离不开好的基酒,所以请选择一款优质朗姆酒。通常,50度的农业白朗姆酒可以为浸渍提供良好的条件。

•往里面放什么?

想放什么就放什么!新鲜、成熟的水果,干果或蜜饯,香料,草本……有些人还会放糖果。需要注意的是,必须首先确认各种成分释放香气所需的时间,避免让任何一种成分占主导地位。准备了多少朗姆酒,就放同等体积的浸渍物。

•放在哪里浸渍?

不要放进冰箱。浸渍液喜欢不太寒冷的室温。把罐子放在家中或院子中可以晒到太阳的地方。罐子必须密封,隔绝空气。

•要加糖吗?

对于这个问题,大家意见不一。一般做法是在浸渍结束后酌情往酒里加糖。不过糖分可以促进浸渍过程。首选当然是蔗糖、蜂蜜或枫糖浆会带来附加的风味。

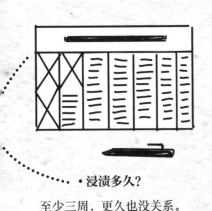

怎样知道浸渍好了？

当然是品尝！

•浸渍多久？

至少三周，更久也没关系。

保存调味朗姆酒

朗姆酒在浸渍过程中不断"工作"。当我们品尝后认为朗姆酒达到了理想的风味时，便应该将它移至柜中"静养"。此时浸渍停止，调味朗姆酒会保持在我们喜欢的状态。虽然它依然会继续演进，但速度要慢得多。长时间保质是调味朗姆酒的天职吗？

莫吉托风格

准备 1 升朗姆酒，2 个青柠切块，10 片薄荷叶，1 咖啡勺红糖。

个性：火烧香蕉

准备 1 升朗姆酒，在平底锅中煎 4 根撒上糖的香蕉，再放 1 根对半切开的香草荚。

耐心之选：凤梨

必须至少等上三个月，凤梨的香气才会在朗姆酒中释放。但美味也是不可言喻的！选择一个熟透、柔软的凤梨。

冬日必备：柑橘

将若干个完整的柑橘浸渍在用肉桂棒调味的糖浆中。再将糖渍后的柑橘和朗姆酒等比例放入罐子。

提神醒脑：生姜

准备 1 升朗姆酒，125 克削皮、切片的生姜。加糖。不妨再加入一些青柠。

对还是错?

朗姆酒
图解小百科

3/ 酗饮
朗姆酒

莫吉托起源于古巴

对。美味的莫吉托甚至被列为"古巴国民鸡尾酒"。它先征服了美国,又占领了欧洲市场。

传说

每个明星产品都有自己的传说。关于莫吉托的是一个 16 世纪的海上故事。它的主人公是一位传奇的英国私掠船船长:弗朗西斯·德雷克爵士(sir Francis Drake)。这位勇士是伊丽莎白一世的海军中将,击退了西班牙的无敌舰队,留下了许多英勇事迹。他喜欢去古巴散心,一边喝朗姆酒的前身塔菲亚酒,一边咀嚼薄荷叶。他的这项发明是后人对他最鲜活的记忆。

保乐力加

谁更古巴?

"哈瓦那俱乐部"的名字到底属于谁?该品牌由阿雷查瓦拉(Arechabala)家族于 1878 年在哈瓦那创立。在 1959 年古巴革命后,阿雷查瓦拉家族被剥夺财产、驱逐出国。后来,他们在美国的自由邦波多黎各重整旗鼓,声称自己使用的是原始配方。古巴政府也在 1966 年重整朗姆酒行业。自 1993 年起,在保乐力加(Pernod-Ricard)集团高效的管理下,"哈瓦那俱乐部"品牌遍布世界各地——除了美国,或许是由于禁运?从 1976 年开始,两家关于品牌所有权的问题一直相争不下。保乐力加集团通过大力宣传莫吉托而占得先机,因为莫吉托只能用在古巴领土上制造的真正的古巴朗姆酒来制作。

传统配方

莫吉托的配方并不复杂,只需要稍加用心,直接在科林斯杯中调配即可。

材料:

• 十几片新鲜辣薄荷叶
• 半个青柠
• 冰块

• 60 毫升古巴朗姆酒
• 20 毫升蔗糖浆
• 气泡水

① 把薄荷叶堆放在玻璃杯底，用研杵小心挤压薄荷叶，让苦味释放出来。

② 倒入朗姆酒、青柠汁、糖浆，根据口味加入冰块。搅拌。

③ 最后倒入气泡水。搅拌。

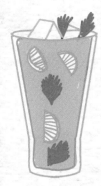

芒果莫吉托

材料：

- 4 至 5 块削了皮的芒果块
- 6 片新鲜辣薄荷叶
- 10 毫升蔗糖浆（也可不加，因为芒果中有糖分）
- 60 毫升古巴朗姆酒
- 冰块
- 气泡水
- 半个青柠，切成 4 块

做法：

用研杵挤压杯底的芒果。加入薄荷叶，同样小心挤压。视情况添加糖。混合。加入冰块、朗姆酒。搅拌。最后加入气泡水。搅拌。

莫吉托冰棍儿

大人才能吃的冰棍儿，悠闲时来一根吧。

6 根冰棍儿的材料：

- 150 克蔗糖
- 36 片新鲜辣薄荷叶
- 200 毫升青柠汁
- 100 毫升古巴朗姆酒
- 6 片青柠薄片

做法：

将 500 毫升水与糖一起煮沸。关火，加入 20 片薄荷叶。静置一晚。将糖水过筛，同时挤压薄荷叶。将 10 片薄荷叶切碎。把碎薄荷叶、青柠汁和朗姆酒倒入糖水。混合。在每个模具中放入一片薄荷叶和一片青柠。把液体倒入模具，插上棍子。冷冻至少 12 小时。

朗姆酒
图解小百科
3/酗饮
朗姆酒

对还是错?

"椰林飘香"里加的是西柚汁

错。里面加的是凤梨汁和椰汁。这种波多黎各的传统饮品更像是装在酒杯里的甜品。

传说

在波多黎各圣胡安的希尔顿酒店工作的调酒师拉蒙·蒙奇托·马雷罗（Ramon Monchito Marrero）一直想调制一款融合波多黎各各种风味的鸡尾酒。经过无数次尝试，他在1954年夏天推出了"椰林飘香（Piña Colada）"，立刻得到了上流顾客的欢迎。1978年，"椰林飘香"迎来了它的高光时刻，这款深受游客喜爱的甜味饮品正式成为波多黎各的国酒。

另一个传说

据说，为了提高手下的士气，一个海盗很可能用朗姆酒、凤梨汁和椰汁做成了一种混合饮品。但是他的配方最终与他一起消失了。

硬汉难渡甜蜜关

约翰·韦恩，这个坚毅、正直的牛仔，从他崭露头角之时，他就表现出了对"椰林飘香"的喜爱。"椰林飘香"也是疤面煞星汤尼·蒙达拿最喜欢的饮料。另类硬汉巴拉克·奥巴马也对"椰林飘香"情有独钟。

传统配方

做法简单，但是需要一支调酒器。

为了营造邮轮的气氛，在杯子上插一个彩色的小伞签吧。

材料：

- 60 毫升陈年白朗姆酒
- 30 毫升椰浆（或替换成更稀、更好消化的椰汁）
- 60 毫升新鲜凤梨汁
- 1 小撮盐
- 半咖啡勺柠檬汁
- 冰块

1 把所有材料和冰块倒入调酒器。

2 倒入大肚酒杯，插上吸管、一小片凤梨。

牛油果椰林飘香

厌倦了传统配方？不妨试试这个版本。

材料：

- 半个熟牛油果切成小块
- 5 小块新鲜的熟凤梨
- 60 毫升陈年白朗姆酒
- 30 毫升椰浆（或替换成更稀、更好消化的椰汁）
- 半个柠檬挤汁
- 冰块

1 把所有材料和冰块倒入调酒器。

2 倒入大肚酒杯，插上吸管、一片柠檬。

对还是错?

在朗姆酒中加柠檬是为了健康

对。 诚然,如今我们喜欢在朗姆酒里加柠檬是因为它美味。但是在 18 世纪中叶,英国皇家海军在为海员们准备的朗姆酒中加柠檬是为了预防坏血病。

詹姆斯·林德,救世主 ——————

坏血病是一种因缺乏维生素 C 引起的疾病。在早期远航中,坏血病不为人所知,但已经造成了大量船员的死亡。人们也不知道某些食物含有人体必不可少的维生素 C,其中便包括柑橘——唯一适合在海上长途航行的水果。1747 年,苏格兰医生詹姆斯·林德(James Lind)进行了人类史上第一次临床试验,证明了柑橘的作用。他作为外科医生上船,在患有坏血病的海员身上测试了各种天然物质。结果表明只有橙子和柠檬能够有效对抗坏血病。他写了一篇关于用柠檬预防坏血病的论文,但没有得到世人的关注。如此不起眼的水果怎能对抗致命疾病?直到近半个世纪后,他的建议才得到重视,英国皇家海军最终将柑橘类水果纳入了海员的食品和饮料中。

滚开,坏血病!

想饱口福? 交钱! ——————

在皇家海军出于健康原因用柠檬给朗姆酒调味之前,海员们每天会收到 1/2 品脱(略高于 300 毫升)的纯烈酒。这是一种味道谈不上精致的烈酒混合物。味觉灵敏的海员要想提高生活质量,就得自己买糖和柠檬汁。可见,柠檬在当时已经起到了增加味觉享受的作用。

糖

柠檬

① 把所有材料和冰块倒入调酒器。

② 用过滤器将混合物过滤至科林斯杯中。

③ 插入吸管。

僵尸

这是一种在 20 世纪 30 年代席卷好莱坞的波利尼西亚风格提基（tiki）鸡尾酒。必须在调酒器里制作。

材料：

- 30 毫升琥珀朗姆酒
- 30 毫升白朗姆酒
- 30 毫升青柠汁
- 20 毫升西柚汁
- 30 毫升凤梨汁
- 半咖啡勺石榴汁
- 半咖啡勺蔗糖浆
- 冰块

热带风情

这种鸡尾酒的酸度和甜度都非常高，既解渴又美味。

材料：

- 60 毫升白朗姆酒
- 40 毫升柠檬汁
- 20 毫升石榴汁
- 10 毫升蔗糖浆
- 冰块

① 把所有材料和冰块倒入调酒器。

② 用过滤器将混合物过滤至科林斯杯中。

③ 插入吸管。

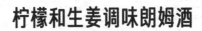

柠檬和生姜调味朗姆酒

只要在适度的情况下，这种调味朗姆酒就是万无一失的节日饮品！喜欢在派对上疯狂跳舞的人们无法抵御黄柠或青柠汁的诱惑。

材料：

- 2 个青柠
- 3 汤勺红蔗糖
- 2 汤勺椴树蜜
- 30 克新鲜生姜
- 1 升白朗姆酒

切去青柠的两端，把剩余部分切成小薄片。将糖倒入容量为 1 升的罐子内。加入青柠片并轻轻挤压，帮助糖溶化。生姜去皮，切成薄片。在罐子里加入椴树蜜和生姜。倒入朗姆酒至罐口。静置至少三周。

对还是错?

我们可以自己做蔗糖浆

对。蔗糖浆做法简单,而且自己做的蔗糖浆不含任何添加剂,口味天然、微妙。

糖浆的历史

糖浆的原理在古代已经为人所知,只不过当时人们用的是蜂蜜。他们发现如果用蜂蜜储存水果,即便收获的季节已经过去了很久,仍然可以用果汁制作饮料。中世纪的阿拉伯人利用蔗糖浆的防腐功能来保存药材。他们发明了一种名叫"charâb"[1] 的饮品,得到了十字军的喜爱。后者将其带回了西方,并将其名称变形为"sirop(糖浆)"。路易十四的厨师瓦泰尔(Vatel)推出了一项新技术:通过蒸发水果中的水分来将糖分浓缩,再将水果与糖浆混合。当时用的仍然是蔗糖浆,因为甜菜还鲜为人知。18 世纪出现了越来越多的新配方,比如石榴糖浆。花卉和植物是最早用于制作药用和食用糖浆的材料。到了 19 世纪,甜菜的发明让糖和糖浆都普及了起来。

甘蔗汁可以代替蔗糖浆吗?

完全不能。甘蔗汁的优点之一就是它仅含有 14% 的蔗糖,不具备甜味功能。它的能量功能和营养功能非常出众,味道也十分精致。它只有一个缺陷:不易于存储且无法出口。一些制造商找到了稳定甘蔗汁的方法,为它的装瓶和销售开辟了新的前景。据说,奴隶们通过发酵甘蔗汁,得到了甘蔗酒"fangourin"。

1. 在阿拉伯语中意为"饮料"。

做法

一口锅加一些耐心，就能做出美味的蔗糖浆啦。

材料： 1 升水　1 千克红蔗糖　10 撮肉豆蔻　2 根剖开的香草荚　4 根肉桂

40分钟

5 冷藏保存。

蔗糖浆

蔗糖浆

① 将糖和香料倒入锅中。

② 加水，充分搅拌。

③ 小火，溶化、浸渍 40 分钟，同时用木勺搅拌。

④ 当糖浆开始黏勺时，将它过滤至密封罐头内。

糖浆能够做什么？

蔗糖浆

* 大杯 + 美式咖啡 + 冰块 = 凉爽可口的冰咖啡。为了让冰咖啡变甜，可以在冰块上倒入适量的蔗糖浆，倒入咖啡前让它先冷却片刻。

* 加入酸奶、白奶酪等中。制作糖浆时加入的香料此时可以充分发挥作用。

* 香料还能让新鲜水果沙拉吃起来更有趣，常见水果或热带水果均可。

* 当然，小潘趣离不开蔗糖浆！其他许多朗姆鸡尾酒也是如此。

进阶阅读

没有勇气在家自制蔗糖浆？要达到与鸡尾酒相得益彰的效果，的确不是随随便便就能实现的。如果直接用蔗糖浆勾兑纯净水喝，蔗糖的特点就会显现出来。

但在制作之前，甘蔗的质量就已经决定了蔗糖浆的风味。在法属安的列斯群岛，由于法律的要求，人们对甘蔗的质量非常重视。当地的风土造就了许多卓越的甘蔗品种。选择法国的蔗糖吧！

蔗糖浆

对还是错?

小潘趣里会加冰块

错。法属安的列斯群岛的代表性饮品不属于可以慢慢饮用的长饮。小潘趣口味醇厚,不会用大杯子来装。

做法

小潘趣的做法多简单哪!它的质量取决于所选朗姆酒的质量。最烈的小潘趣可以达到50度。直接在普通的直壁小玻璃杯中制作即可。提前准备好用来"漱口"的水,小潘趣可不解渴。

材料:

- 1/4 个青柠
- 1 咖啡勺蔗糖或蔗糖浆
- 50 毫升农业白朗姆酒

1 青柠挤汁,将挤汁后的青柠一并放入杯中。

2 加糖或糖浆。充分混合。

3 倒入朗姆酒。混合。

任何朗姆酒都可以吗?

喜欢小潘趣的人会脱口而出:不是!对于安的列斯传统小潘趣,最基本的礼貌就是用安的列斯产的朗姆酒。常见做法是用农业白朗姆酒作为基酒。如果更想用陈年朗姆酒,那么饮品的名字便不再是"小潘趣",而是"老潘趣(Ti-vieux)"。

"潘趣"是什么意思？

"潘趣"这个名字来源于印地语"pânch"，意思是"五"，指一种用茶、烈酒、糖、肉桂、柠檬五种材料做成的饮料。除了茶，其他成分均在如今的潘趣酒中保留了下来：朗姆酒、蔗糖浆（而不是砂糖），以及任何我们喜欢的香料。可以根据个人口味选择果汁或新鲜水果块的种类：橙子、西柚、芒果、凤梨、番石榴、香蕉……至少需在饮用前一天制作，以便让各种材料有充分的时间冷藏浸渍。但要注意的是，绝对不能加冰块！如果想要度数较低的潘趣酒，可减少朗姆酒的用量，甚至加入气泡水。

用什么小食配小潘趣？

油炸鳕鱼丸

准备一个面团，不要忘记加酵母。将脱盐的鳕鱼碎揉入面团。根据口味加入辣椒调味。油炸即可。

油炸大蕉片

将熟大蕉切成薄片。在滚烫的油锅（炸锅或平底锅）中炸制5分钟。食用前用吸油纸把油吸干。

牛油果蟹肉杯

取牛油果果肉，用叉子捣碎，挤上适量青柠汁。将果泥放入小杯中。加入蟹肉碎和对半切开的圣女果。淋上辣酱。用一只大虾装饰。

詹姆斯·邦德酷爱香蕉代基里

错。 这位英国皇家特工不是朗姆酒的粉丝，只是擅于随机应变。他在巴哈马喝了朗姆酒，不过是科林斯版本。

霹雳弹

1965 年，犯罪组织魔鬼党劫持了一架载有两枚原子弹的轰炸机，这让由肖恩·康纳利 (Sean Connery) 饰演的 007 来到了巴哈马。在这里，007 一次次将自己的生命置于危险之中，包括潜入海底。为了击败魔鬼党的二号头目艾米利奥·拉果，他花了不少功夫。詹姆斯·邦德的冒险不仅有危难，还有乐趣、爱情，或类似爱情的情愫。他在这里遇见了第一位法国"邦女郎"——由克劳迪娜·奥格尔（Claudine Auger）扮演的多米诺。当然也少不了 007 系列钟爱的鸡尾酒。地理环境所迫，这次喝的是朗姆科林斯，就像 007 一样，科林斯的配方可以搞定任何烈酒。

朗姆科林斯

汤姆·科林斯（Tom Collins）以金酒为基酒，乔·科林斯（Joe Collins）用的是伏特加，科林斯上校（Colonel Collins）用的则是波本威士忌。这也不足为奇，毕竟柯林斯鸡尾酒的配方简单、基础、灵活，直接在科林斯杯中调制。

材料:

- 冰块
- 1 咖啡勺蔗糖浆
- 半个青柠
- 50 毫升加勒比朗姆酒
- 气泡水

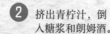

1 倒入半杯冰块。

2 挤出青柠汁，倒入糖浆和朗姆酒。

3 倒入气泡水。用勺子轻轻搅拌。

4 装饰一颗糖渍樱桃。

香蕉代基里

香蕉代基里是众多古巴著名代基里鸡尾酒中的一种。需用调酒器或电动榨汁机制作，冰块必不可少。它模样花哨，但味道非常美妙。

① 将所有材料和冰块倒入榨汁机。

② 倒入马天尼杯或香槟杯。

材料：

- 1 根碾成泥的香蕉
- 1 咖啡勺蔗糖浆
- 20 毫升青柠汁
- 6 毫升橙皮利口酒（triple-sec）
- 60 毫升古巴朗姆酒
- 冰块

粉红豹

20 世纪 60 年代，粉红豹的卡通形象和动画片的背景音乐红遍全球。以它为灵感的鸡尾酒当然得是粉红色，所以会用到石榴或草莓利口酒。曾经风靡一时的粉红豹鸡尾酒有许多不同配方，下面是一种以朗姆酒为基酒的做法。

材料：

- 10 毫升柠檬汁
- 15 毫升凤梨汁
- 20 毫升蜜桃甜酒
- 15 毫升草莓利口酒
- 20 毫升白朗姆酒

① 将所有材料和冰块倒入榨汁机。

② 倒入马天尼杯，装饰一串哈瑞宝草莓糖。

玛丽·璧克馥

虽然如今已被人遗忘，但玛丽·璧克馥（1892—1979）是一位名垂电影史的加拿大演员。为了挑战好莱坞的统治地位，她在 1919 年与查理·卓别林、道格拉斯·范朋克（Douglas Fairbanks）、D. W. 格里菲思（D. W. Griffith）一同创办了联艺影业（United Artists）。当她到访古巴时，当地人为她创造了这款鸡尾酒。

① 将所有材料和冰块倒入调酒器。用力晃动。

② 倒入马天尼杯或香槟杯。

材料：

- 10 毫升柠檬汁
- 15 毫升凤梨汁
- 20 毫升蜜桃甜酒
- 15 毫升草莓利口酒
- 20 毫升白朗姆酒

朗姆酒图解小百科

4／朗姆酒逸闻

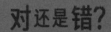

朗姆酒图解小百科
4/ 朗姆酒逸闻

对还是错?

朗姆酒最初叫"杀死恶魔"

对。这就证明了朗姆酒的酒精浓度之高、糖分之少,连敢于在热带探险的冒险家都难以招架。

阿拉克

与中东地区著名的茴香葡萄酒无关。该名称来源于菲律宾语,常被留尼汪人在贬义的情况下使用。

烧肚酒

17世纪在新大陆传教的耶稣会传教士布东(Bouton)神甫给朗姆酒起了这样一个形象的绰号。他与其他殖民者一样,都对这种质朴的烈酒持鄙夷态度。

可可梅洛

20世纪30年代马提尼克人给糖蜜朗姆酒起的昵称。

吉尔蒂夫

英语"Kill Devil"的法语变体,17世纪英属安的列斯地区的人民给朗姆酒取的名称,直译为"杀死恶魔"。

杀死恶魔
(Kill Devil)

过去,朗姆酒以能够驱赶魔鬼著称,如今在一些地方依然能听到这种叫法。

药酒

留尼汪人对朗姆酒的另一种褒义叫法。它能让人联想起朗姆酒的某些潜在药用价值,如今依然有人对此深信不疑。

朗姆比利翁

英语土语,意味"大骚动",最初用于指代17世纪中叶的甘蔗酒。17世纪末,它的缩写"朗姆(rum、ron、rhum)"成为全世界朗姆酒的主流叫法。

塔菲亚

如今人们还喜欢把除了让人上头没有其他优点的烈酒戏谑地称为"拉塔菲亚(ratafia)",即"塔菲亚"的变体。但这个克里奥尔语单词其实是用蔗糖残留物酿造的烈酒的官方名称。

杀死恶魔
(Tue Diable)

"Kill Devil"在法属安的列斯群岛的法语直译版本。

著名的朗姆酒酿酒厂

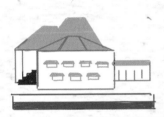

凯珊（巴巴多斯）

据说这是最古老的朗姆酒酿造厂，由约翰·盖伊·阿莱恩爵士和约翰·索伯（John Sober）这对好友在1663年创办。

德帕斯（马提尼克）

1651年，德帕斯家族创办了一家种植园。在1902年培雷火山爆发之前，种植园一直欣欣向荣。当时正在法国留学的维克多·德帕斯（Victor Depaz）在1917年接手并重建了一家酿酒厂。

沃西公园（牙买加）

作为获得牙买加战争胜利的奖励，弗朗西斯·普赖斯（Francis Price）上尉得到了这片领地。之后，沃西公园的种植面积和产量不断增加。酿酒厂曾在20世纪50年代停产，后在2005年复产。

圣特雷莎庄园（委内瑞拉）

该庄园始建于1796年，不久便被转让给来自汉堡的福尔默（Vollmer）家族。这是一家家族酿酒厂，隶属于百加得－马天尼集团。

圣欧班朗姆酒（毛里求斯）

皮埃尔·德·圣欧班（Pierre de Saint Aubin）于1778年收购了该庄园，并于1819年开始种植甘蔗。该酿酒厂以农业朗姆酒见长。

巴尔邦古（海地）

1862年，来自法国夏朗德省干邑附近的迪普雷·巴尔邦古（Dupré Barbancourt）在海地创建了一家酿酒厂。他把家乡酿造干邑的方法用在了酿造朗姆酒上。该家族企业如今依然坚持这种传统酿造方法。

隆格托（瓜德罗普）

该酿酒厂创建于1895年，是岛上仍在运营的最古老的酿酒厂。它的第一任主人圣玛丽侯爵（marquis de Sainte-Marie）为偿还赌债不得不将酿酒厂转让给了雇员亨利·隆格托（Henri Longueteau），后者将这里经营得有声有色。

我闻到了古香

给朗姆酒取一个灵感源自品牌或庄园历史的名字能够给人一种"复古"的感觉，这是顺应时下"惬意（cosy）"潮流的常见做法。它营造的是一种冒险、性感、神秘的氛围。这不能说明品牌本身一定古老，但也不表示酒的味道一定不好。只是在冲动消费前请先捏一捏自己的钱包。

欧洲人立刻爱上了朗姆酒

错。 新大陆的欧洲殖民者和欧洲本土人民一样，都喜欢喝家乡的烈酒。为保护本国产品，法国政府甚至限制了塔菲亚酒的进口。

18 世纪的人们喝什么？

当时人们就已经养成了喝酒的习惯。他们将当地生产的谷物或水果进行粗略的蒸馏，制成烈酒。进出口业还没有发展起来。

• **蜂蜜酒**

做法很简单：水加发酵的蜂蜜。现在农村里依然有人喜欢喝这款古老的饮品。

• **杜松子酒**

这是一种用杜松子调味的谷物酒，由荷兰人在 17 世纪初发明。它是最基础、最便宜、最流行的英国烈酒金酒的原型。

• **伏特加**

18 世纪，德国和北欧成为第一批除俄国和波兰外饮用伏特加的国家和地区。直到 1917 年俄国人开始向各地移民，伏特加才成为世界级的烈酒。

• **波特酒**

17 世纪，葡萄牙无法将新鲜葡萄酒通过海路出口至英国。一个英国商人想出了一个办法：在葡萄酒中添加纯葡萄白兰地。

• **威士忌**

1763 年的《金酒法案》(*Gin Act*) 以禁酒为名向金酒征收重税，这让苏格兰人开始生产自己的 "uisge beatha（生命之水）"，即日后的威士忌。

• **干邑**

这种葡萄烈酒在当时已经非常有名，深受荷兰人和英国人的喜爱，他们推动了干邑的商品化进程。当时，人们喜欢将干邑兑水喝，并发现它在橡木桶中陈酿后会更美味。

1650

前往新大陆的船只会装满殖民者需要的各种食物，其中葡萄烈酒占有重要的地位。原因很简单：与葡萄酒和苹果酒相比，它们更能经受长时间的旅途。

1700

甘蔗烈酒被禁止进入巴黎，理由是这种饮品会损害饮用者的健康。法国大城市生产塔菲亚酒的酿酒人辩称反正只有底层人民会喝塔菲亚酒。

1750

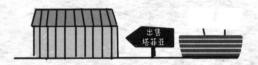

塔菲亚酒仍然不得进入法国，但港口仓库开始向从海上敌舰上缴获的塔菲亚酒开放，条件是这些酒必须重新运往国外。法国烈酒生产者对此表示不满，尤其是干邑生产者，因为干邑在当时已经有了一定的名气并开始向国外出口，它对波尔多港的发展起到了重要的作用。在拉罗谢尔，一份陈情书斥责了殖民者的不公平竞争。

1800

英法战争阻断了蔗糖的进口，促进了法国本土甜菜的生产。为了弥补蔗糖出口的损失，安的列斯群岛加强了朗姆酒的生产。

1850

法国取消对外国酒类征收关税的规定。在克里米亚征战过的士兵让他们的口粮朗姆酒流行了起来。与此同时，根瘤蚜和霜霉病肆虐葡萄园，朗姆酒的销量因此大幅增长。

1900

朗姆酒引起了葡萄酒和烈酒酒商的关注。为了更好地销售朗姆酒，酒商们对它进行了各种处理。

进阶阅读

种植者将蔗糖加工后留下的残余物丢给了奴隶。奴隶们自己蒸馏残渣，做出简朴版的塔菲亚酒。尽管受到严密的监视，他们依然可以在难得的休息时间享受塔菲亚酒。黑奴从非洲带来了一种名叫伏都教的宗教，这种宗教在西非的古达荷美王国非常流行。伏都教逐渐传播至加勒比地区。虽然殖民者严厉禁止非洲人信奉他们的宗教，但伏都教的宗教仪式依然在秘密进行。仪式中会用到朗姆酒，但不是用来喝，而是一种仪式用品。这一传统延续至今，尤其在海地——朗姆酒从未缺席打响独立运动的仪式。

朗姆酒
图解小百科
4/朗姆酒逸闻

对还是错?

英国海军上将向士兵分发朗姆酒

对。 与英国进口的其他酒精饮品相比,朗姆酒价格更低,且可以经受住漫长的海上旅行。

古老的潘趣酒

"潘趣"一词可以追溯到 17 世纪初,词源为印地语"pânch",意为"五"。原因是这种饮品包含 5 种材料:茶、糖、烈酒、肉桂和柠檬。16 世纪时,船员们喜欢在自己分得的塔菲亚酒中加入所到国家的水果,再用香料调味。他们从印度将这种饮品的配方和名字出口到了加勒比地区。

只能一小杯!

17 世纪中叶,英国人已经占领了圭亚那、安提瓜、圣卢西亚、格林纳达、圣克里斯托弗、巴巴多斯和尼维斯。被西班牙人逼退至伊斯帕尼奥拉岛后,他们又征服了牙买加。为了庆祝胜利,威廉·佩恩(William Penn)海军上将给士兵们分发了朗姆酒。从那时起,朗姆酒便取代了啤酒和潘趣酒,成为军中的口粮。士兵们把他们分得的份额称为"tot",即"一小杯"。

兄弟们,敬你们!

给,来一小杯格罗格吧!

海军上将的发明

爱德华·弗农(Edward Vernon)海军上将经常穿一件由羊毛和丝线混纺而成的格罗格兰姆呢(Grogram)防水外套。因此,人们也喜欢叫他老格罗格。他发明了如今依然被我们称为"格罗格(grog)"的饮料。1740 年,为了减少由酗酒导致的船上事故,爱德华·弗农决定在分给士兵的朗姆酒中掺水。但是水和兑水朗姆酒的保存状况都不尽如人意,所以后来改为掺茶。

好日子终到头 ————

尽管船员醉酒造成了很多问题，英国军官依然不敢贸然取消补给品中的朗姆酒。饮酒是一种根深蒂固的习俗，他们担心如果突然禁酒，士兵们会发动兵变，因此只能和缓地采取改革措施。1824 年，朗姆酒的配给减半，1850 年再次减半。1970 年 7 月 31 日，海军的补给品中不再提供朗姆酒。这个"黑暗"的一天被称为"黑色禁酒日（Black Tot Day）"。

进阶阅读

英国传统朗姆酒的历史与英国海军息息相关，以至于它们也被称为海军朗姆酒。这是一种由糖蜜制作、混合了多个产地产品（混装）的朗姆酒，它芳香馥郁，浓烈辛辣，呈深棕色。英国朗姆酒的产地是过去英国在加勒比地区的殖民地。英国人很看重朗姆酒，因为他们认为这是自己领土生产的产品，与法国人和西班牙人让他们用高价购买的葡萄酒、干邑或波特酒不同。

朗姆酒
图解小百科
4/朗姆酒逸闻

对还是错?

第一个方形酒瓶由圣詹姆斯酿酒厂推出

对。 圣詹姆斯酿酒厂从 18 世纪开始出口朗姆酒。1882 年,圣詹姆斯成为注册商标,成为第一个使用方形酒瓶的品牌,此举并非出于美观,而是出于实际原因。

1765

埃德蒙·勒费比尔神父是马提尼克岛圣皮埃尔兄弟会修道院医院的院长,他决定在城市的高地建一个酿酒厂来资助医院。作为炼金术士的他精通蒸馏技术,生产出了优质的农业朗姆酒。他为自己生产的朗姆酒取名圣詹姆斯,以促进对新英格兰英语地区的出口。从 1763 年起,法属安的列斯群岛的酿酒商获准向除法国本土以外的地区出口产品。

1882

马赛酒商保兰·朗贝尔买下了圣詹姆斯酿酒厂,并注册了商标。正是他产生了使用方形瓶的想法。方形瓶的形状更有利于酒瓶在船舱中的储存,同时能够减少瓶子在航海过程中的破损。因此,这项创新其实来自对实际因素的考量,而不是为了追求品牌特色。但这还是让人们更好地记住了圣詹姆斯品牌,方形瓶也成为了品牌的象征。

比俄罗斯方块还完美!

带来好运的蝙蝠

古巴著名朗姆酒品牌百加得的瓶身上印着一只张开翅膀的蝙蝠,当你第一次见到它的时候不免感到惊讶。在西方人看来,昼伏夜出的蝙蝠与巫婆为伴,是不祥之兆。但酿酒厂创始人法昆多·百加得的妻子阿马利娅 (Amalia) 认为蝙蝠是幸运的象征。因此,1862 年,当她发现酒厂的横梁上悬挂着一群果蝠时,她提议将它们作为品牌的标志。

SAINT JAMES

特级白朗姆

圣詹姆斯

圣詹姆斯

马提尼克

104

曾经，岛上的甜蜜

19 世纪，朗姆酒为标签设计师开辟了新的视野。朗姆酒来自遥远的国家，那里有迷人的气候、性感的慵懒……充满诱惑的氛围等待设计师的探索！相同的主题在商标中重复出现。

克里奥尔女性

男性一直是酒精饮品的主要消费者。要让他们在一瓶酒前垂涎三尺，最有效的方法就是在瓶子上画一个女人。朗姆酒瓶上最常出现的是一个戴着头巾、穿着清凉、领口极低，且面带灿烂笑容的克里奥尔女性。

快乐的奴隶

即使在 1848 年法国彻底废除奴隶制之后，奴隶的生活状况也没有发生很大的改变。他们的工作和生活条件仍然很艰苦。然而，标签上的奴隶身体强健、穿着考究，欣然为白人的乐趣付出。

大美风光

天堂加勒比！椰子树排列在波光粼粼的海边。小木屋代表简单、淳朴的生活。甘蔗田中央齐整的房屋暗示农场主和雇工之间的和谐关系。

大海和海盗

前往加勒比的旅途危机四伏。有什么比不冒任何风险，坐在扶手椅里就能来一次加勒比探险更令人激动的呢？

安托瓦妮特·伊索捷是朗姆酒女王

对。和香槟"女王们"一样，朗姆酒女王也是先以"伊索捷寡妇"的身份为人所知。是她接手并振兴了留尼汪的家族企业。

商人

安托瓦妮特·伊索捷是朗姆酒历史上的一个例外。当时，没有一家酿酒厂有正式的女老板。种植者们的妻子只是在阴影中默默付出，只有她们的丈夫能够得到世人的认可并进入集体的记忆。安托瓦妮特·伊索捷也是在丈夫去世后才从幕后走到台前的。

1832 年，路易·伊索捷（Louis Isautier）离开家乡塞纳河畔诺让（Nogent-sur-Seine），前往当时被称为波旁岛（Île Bourbon）的地方。两年后，他的弟弟夏尔（Charles）与他会合。当时制糖业蓬勃发展，他们抓准时机，投身其中。兄弟俩分别迎娶了阔绰地主奥尔雷家族的两个女儿——阿波罗妮（Appolonie）和安托瓦妮特（Antoinette）。1845 年，两对关系紧密的夫妇共同开了第一家酿酒厂。20 年后，路易和夏尔兄弟去世，留下安托瓦妮特和她的三个儿子打点家族企业。在"夏尔·伊索捷寡妇和儿子（Vve Ch. Isautier et fils）"的名字下，酿酒厂的发展实现了飞跃。陶瓶的新包装大受欢迎，也促进了产品的出口。这种简单、淳朴的酒瓶甚至在 1878 年的巴黎世界博览会上收获了一枚奖牌。随后，安托瓦妮特·伊索捷在岛上的铁路旁建造了第二家酿酒厂。当她结束忙碌的商人生活时，她的孙子阿尔弗雷德·伊索捷（Alfred Isautier）收购了其他兄弟的股份，成为酿酒厂的接班人。

1665

波旁岛被法国殖民，后改名为留尼汪。人们在岛上种植甘蔗、蒸馏甘蔗汁。

1704

第一批蒸馏柱进口至留尼汪。

1815

夏尔·帕农 - 德巴辛斯（Charles Panon-Desbassyns）开设了第一家现代酿酒厂。由于蓬勃发展的制糖业征用了所有可用的甘蔗，该厂不再生产农业朗姆酒，转为生产用糖蜜制作的工业朗姆酒。

1865

安托瓦妮特·伊索捷接手已故丈夫的产业，并将家族酒厂发展为国际规模的大型酿酒厂。

1914

为法国本土士兵分发朗姆酒的举措刺激了留尼汪和其他法国殖民地的朗姆酒生产。朗姆酒被用在了一些令人意想不到的地方：医用、药用、制作炸弹等。

1939

停！

法国被占领后不再能接收海外殖民地的朗姆酒。留尼汪的酿酒厂损失严重，不少酿酒厂甚至倒闭。

1972

朗姆
沙雷特
留尼汪岛

朗姆酒业重整旗鼓，留尼汪朗姆酒经济利益集团和沙雷特品牌诞生。

对还是错？

朗姆酒
图解小百科
4 / 朗姆酒
逸闻

美国知道朗姆酒是因为世界大战

错。 美国人在 18 世纪就已经开始喝朗姆酒。从那时起，朗姆酒便声名鹊起，大受欢迎。

不顾反对

教师安托万·贝内泽 (Antoine Bénézet) 是一位进步人士，他在美洲大陆开设了第一所女子公立学校。他反对酗酒，认为朗姆酒尤其危害健康。当地原住民易洛魁人的首领也对朗姆酒嗤之以鼻：由于朗姆酒在附近生产，东部的人民很容易通过英国商人买到朗姆酒，破坏了部落的平衡。然而，这些反对的声音都没能阻止这种廉价烈酒的扩张势头。

华盛顿的爱酒

朗姆酒以另一种方式参与了美国独立战争（1775—1783）。

1764 年，英国议会通过了《糖税法案》（*Sugar Act*），以此对从殖民地进口的食糖和糖蜜征收关税，导致朗姆酒生产出现了危机。殖民地的商人非常愤怒，不满英国对他们的经济剥削。

乔治·华盛顿是朗姆酒爱好者，他在去巴巴多斯的一次旅行中喜欢上了朗姆酒。独立战争宣战后，他通过讲述自己对朗姆酒的信仰来提振部队的士气。

独立战争结束后，当选为美国总统的华盛顿继续支持自己最喜欢的烈酒。但一个新星无情地取代了朗姆酒的地位，它就是威士忌。

酒类走私犯

该术语指通过船只非法运输酒精饮品的人。"Rumrunner"一词由"rum（朗姆酒）"和"runner（跑步者）"构成，后者被赋予了"走私贩"的意思。18世纪的海盗就是酒类走私犯，朗姆酒自然在走私品之列。在禁酒期间（1919—1933），贩卖威士忌的人也被称为"rumrunner"。禁酒的目的是停止酗酒对健康的危害。18世纪，朗姆酒便背上了危害健康的骂名，到了20世纪依然没能摆脱。虽然朗姆酒不再如以前那样引人注目，但它的名字依然象征着恶习和被禁止的酒类。

考考你

美国的哪些州有朗姆酿酒厂？

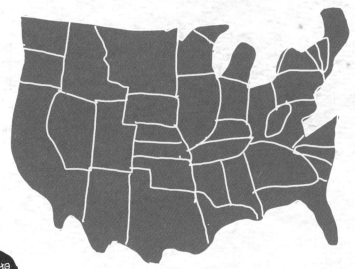

答案

有16个州！如利福尼亚州、科罗拉多多州、佛罗里达州、佐治亚州、夏威夷州、伊利诺伊州、路易斯安那州、马里兰州、内布拉斯加州、新罕布什尔州、新墨西哥州、田纳西州、得克萨斯州、弗吉尼亚州、威斯康星州。美国朗姆酒主要集中在靠近加勒比海地区的三条海岸一带。然而，主要的中西部地区也有一家酒厂位于内布拉斯加州。

不顾禁酒

1920年，在禁酒令的全面实施中，比尔·麦考伊（Bill McCoy）想出了一个解决办法，他在加勒比将烈酒装上船，然后在离纽约4.8千米的国际海域内停泊，从而合法地售卖烈酒。他的品牌之所以有名，是因为与竞争对手不同，他的酒里不含添加剂。麦考伊因此将自己的酒命名为"真材实料的麦考伊（The Real McCoy）"。最近，一家同样不使用任何添加剂的酒厂的酿酒师也给自己的酒取了这样的名字，向比尔·麦考伊致敬。

对还是错?

欧内斯特·海明威极大地提高了朗姆酒的名声

对。海明威从未掩饰自己对酒精饮品的喜爱。他把朗姆酒的味道与他对古巴的热情联系了起来，成为哈瓦那鸡尾酒的代言人。

海明威在古巴

1928 年，海明威在乘船返回居住地佛罗里达的途中发现了哈瓦那这个令他惊叹不已的城市。为了捕剑鱼，他又一次回到这里。他喜欢旅行，喜欢钓鱼，喜欢朗姆酒……他经常来哈瓦那旅行，甚至在 1939 年西班牙内战结束后来到哈瓦那定居。直到 1960 年，美国与刚刚在古巴掌权的菲德尔·卡斯特罗政府发生冲突，海明威才在美国大使的劝说下离开了古巴。没过多久，这位饱受身心痛苦折磨的记者兼作家自杀离世。

海明威酒吧

五分钱酒馆

1942 年，这家小酒馆在哈瓦那蜿蜒的小巷中开张。海明威喜欢在那里啜饮他最爱的莫吉托。

佛罗里迪塔

一尊作家的青铜雕像告诉人们海明威是这个舒适酒吧的常客。他在那里接待了许多名人：艾娃·加德纳（Ava Gardner）、让-保罗·萨特（Jean-Paul Sartre）、斯宾塞·屈塞（Spencer Tracy）、田纳西·威廉斯（Tennesse Williams）……他喜欢喝那里的代基里酒，以及它的无糖、多酒版本——爸爸的渔船（Papa Doble）。

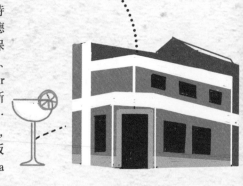

代基里

代基里的成功为它带来了无数变体版本。"佛罗里迪塔代基里"是海明威的首选。

材料:

- 50 毫升古巴白朗姆酒
- 20 毫升青柠汁
- 10 毫升蔗糖浆
- 4 汤勺冰块

做法:

1️⃣ 将所有材料倒入调酒器,摇晃数分钟。

2️⃣ 倒入马天尼酒杯。

总统鸡尾酒

这种鸡尾酒的命名是为了纪念1925年至1933年以铁腕领导古巴的格拉多·马查多(Gerardo Machado)总统。这的确不是一款温柔的饮品!

材料:

- 50 毫升古巴琥珀朗姆酒
- 15 毫升香橙利口酒
- 10 毫升苦艾酒

做法:

1️⃣ 用调酒器混合所有材料和冰块。

2️⃣ 滤去冰块,倒入马天尼酒杯。

爸爸的渔船

海明威怀疑自己得了糖尿病,出于对健康的担忧,有一天,他点了一杯不加糖但加更多朗姆酒的代基里酒。佛罗里迪塔的调酒师康斯坦丁诺·里巴莱瓜·韦尔(Constantino Ribalaigua Vert)为这位被他称为"爸爸"的人发明了一个特殊的配方。

材料:

- 60 毫升古巴白朗姆酒
- 15 毫升马拉斯加酸樱桃酒
- 15 毫升青柠汁

做法:

1️⃣ 在马天尼杯中倒满冰块。

2️⃣ 依次加入材料。

对还是错?

"朗姆酒与可乐" 是一首歌曲的名字

朗姆酒图解小百科 4/朗姆酒逸闻

对。1944 年,这首歌在欧洲非常流行。它象征着解放,以及带着可乐等产品的美国军队的到来。

可乐

世界的卡利普索

《朗姆酒与可乐》(*Rum and Coca-Cola*)采用的是发源于特立尼达和多巴哥的卡利普索音乐节奏。这种音乐后来传播至整个安的列斯群岛和委内瑞拉。《朗姆酒与可乐》的原唱是卡利普索音乐明星入侵者大人(Lord Invader)。但是安德鲁斯姐妹(Andrews Sisters)的翻唱更成功,卖出了数百万张唱片。明尼苏达三姐妹的紧身裙、完美的发型、悦耳的音调和让人想一同动起来的摇摆完美地代表了 20 世纪 50 年代初的时代特点——繁荣、快乐,以及最重要的:自由。1939—1945 年第二次世界大战期间,这首美国音乐被禁止在欧洲播放。卡利普索的欢快节奏响应了年轻人想要蹦蹦跳跳、摆脱克制和禁令的欲望,前所未有的饮料可口可乐也是如此。

删改的歌词

《朗姆酒与可乐》的两位作者都来自特立尼达:莱昂内尔·贝拉斯科(Lionel Belasco)作曲,入侵者大人作词。美国广播和电视明星穆雷·阿姆斯特丹(Moorey Amsterdam)嗅到了成功的味道,把歌曲的版权交给了安德鲁斯姐妹,将她们编造成了作者。三年后,真正的作者才要回了自己的版权。穆雷·阿姆斯特丹还窜改了歌词,在他看来,原曲的歌词批评了美国士兵在安的列斯群岛上助长酗酒和卖淫的风气。歌手让·萨布隆(Jean Sablon)录制的法文版以讽刺的口吻"赞扬"了岛上的懒散风气,这是当时人们对安的列斯群岛的普遍看法。

每次都喝朗姆朗姆朗姆和可口可乐。

1 在无柄平底玻璃杯中倒满冰块。

2 倒入朗姆酒和青柠汁。

3 倒入可乐。

4 装饰一片青柠。

自由古巴

从名字上便可以看出，这种鸡尾酒的诞生是为了纪念古巴独立。美国军队也参与了反对西班牙占领古巴的战争。美国士兵拥入哈瓦那的各个酒吧，喝着这种当时还没有名字的鸡尾酒：朗姆酒和可乐。他们举杯高喊"por Cuba libre!（为了自由古巴）"。

材料：

- 60 毫升古巴朗姆酒
- 40 毫升青柠汁
- 150 毫升可乐
- 冰块

名人名言

上帝用甘蔗赶走了亚当，于是地球上诞生了第一口朗姆酒。

雅克·普莱维尔

毫无疑问，没有什么比朗姆酒和真正的宗教更能使心灵平静。

给你的男人朗姆酒、蜂蜜和烟草……♫

1970 年，创作歌手乔治·穆斯塔基（Georges Moustaki）在一首欢快的热门歌曲中赞扬了谣传已久的朗姆酒的壮阳功能。

索引

图书在版编目（CIP）数据

朗姆酒图解小百科 /（法）多米尼克 – 福费勒著；
（法）梅洛迪·当蒂尔克绘；贾德译 . –– 成都：
四川文艺出版社 , 2023.3
ISBN 978-7-5411-6475-0

Ⅰ .①朗… Ⅱ .①多… ②梅… ③贾… Ⅲ .①蒸馏酒
—图解 Ⅳ .① TS262.3–64

中国版本图书馆 CIP 数据核字 (2022) 第 220504 号

Originally published in France as:
Rhumgraphie
By Dominique Foufelle & Mélody Denturck
Copyright © 2019 Hachette - Livre (Hachette Pratique)
All rights reserved.

本书简体中文版权归属于银杏树下（上海）图书有限责任公司
版权登记号：图进字 21-2022-354 号
审图号：GS 京（2023）0063 号

LANGMUJIU TUJIE XIAOBAIKE

朗姆酒图解小百科

[法]多米尼克 – 福费勒 著　[法]梅洛迪·当蒂尔克 绘
贾德 译

出 品 人	谭清洁	选题策划	后浪出版公司
出版统筹	吴兴元	编辑统筹	王 頔
责任编辑	李国亮　王梓画	特约编辑	余椹婷
责任校对	段 敏	装帧制造	墨白空间·张静涵
营销推广	ONEBOOK		

出版发行	四川文艺出版社（成都市锦江区三色路 238 号）
网　址	www.scwys.com
电　话	028-86361781（编辑部）

印　刷	河北中科印刷科技发展有限公司		
成品尺寸	210mm×210mm	开　本	20 开
印　张	6	字　数	70 千字
版　次	2023 年 3 月第一版	印　次	2023 年 3 月第一次印刷
书　号	ISBN 978-7-5411-6475-0		
定　价	80.00 元